6+ Startups 創新態度

6+ STARTUPS

創新態度

香港城市大學出版社
City University of Hong Kong Press

責任編輯	陳小歡
訪問及整理	麥　堅
攝影修圖	Phoebe Wong
裝幀設計	蕭慧敏
排　　版	黎嘉英
編輯助理	黃昕曈（香港城市大學翻譯及語言學系三年級）
數碼影片助理	丁己渘（香港城市大學創意媒體系四年級）

國際統一書號：978-962-937-691-8
出版
　　香港城市大學出版社
　　香港九龍達之路
　　香港城市大學
　　網址：www.cityu.edu.hk/upress
　　電郵：upress@cityu.edu.hk

Innovative Attitude:
Insights from 6+ Trailblazing Startup Founders
(in traditional Chinese characters)
ISBN: 978-962-937-691-8
Published by
　　City University of Hong Kong Press
　　Tat Chee Avenue
　　Kowloon, Hong Kong
　　Website: www.cityu.edu.hk/upress
　　E-mail: upress@cityu.edu.hk
Printed in Hong Kong

城創系列

近年，「初創」成為香港的熱門話題，創業文化愈趨濃厚，整個初創環境愈來愈成熟，形成生氣蓬勃的生態圈。香港更有不少企業脫穎而出，獲得耀眼的成績，甚至打入國際市場，成為「獨角獸」企業。

本系列通過訪問香港不同行業具代表性的企業創辦人，以及初創生態圈的各種範疇的持份者，期望通過初創企業人創業及經營業務的真實故事，以及持份者的專業意見與建議，讓那些計劃創業、正在創業或創業途中遇到困難的人有所啟發，鼓勵年輕創業人勇敢追夢。

編輯委員會

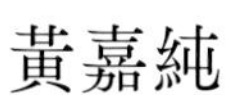

世界在變。近年科技的發展快速得教人目眩，科技創新的力量正在重構社會各個領域。迎接科技，已是時代的必然選擇。國家主席早在2018年明確支持香港成為國際創新科技中心，香港特區政府及社會各界近年對初創企業的支持更是廣泛。青年人創意無限，初創企業的出現和發展，不僅能提升香港整體的創科水平，更能吸納新世代人才，鞏固香港作為超級聯繫人的角色，成為匯聚大灣區人才資金和技術，接通國際的理想橋樑和平台。

初創企業要成功，除了青年人創意無限的創新想法，學界培育也是重要一環。香港城市大學一直堅定地站在前沿。2021年，港城大創辦大型創新創業計劃 HK Tech 300，通過結合港城大社群和香港社會各界的力量，為正在萌芽階段的初創團隊提供關鍵的種子基金支持；短短三年，HK Tech 300計劃已拓展至內地及亞洲地區，進一步提升港城大創新品牌的影響力。2024年，在港城大30周年誌慶之際，我們又成立了港城大創新學院，希望能繼續推動初創企業和創新科技融入社區，為社會帶來實質的改變和福祉。

香港城市大學出版社特意策劃了這套「城創系列」叢書，不論是專訪本地成功的創科企業「話事人」，還是HK Tech 300培育的初創企業，其中無不折射出一個共同的主題——年輕人的創新力量。他們憑藉過人創新的思考、堅毅的精神，正在一步步實現屬於自己的新天地，為香港的創科生態和經濟發展注入了新動力，給予對創新創業感興趣的年輕一代以啟發。

愛因斯坦曾說：「想像力比知識更重要。」在這個充滿無限可能的時代，我們較任何時候都有更廣闊的想像空間。創新創業，不只是事業機遇，更是開拓未知新世界的契機。在這個瞬息萬變的時代，我們更需要具創新創意的年輕人，為香港注入全新活力，成為改變世界的其中力量！

黃嘉純 SBS JP
香港城市大學校董會主席

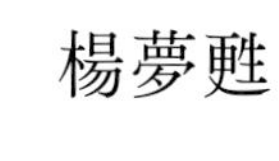

創新和創業對於社會的發展至關重要，不僅能創造經濟價值，還能推動社會進步。2021年，香港城市大學推出了大型旗艦創新創業計劃，名為HK Tech 300，以三年內創造出300間初創公司為目標。截至2024年6月，計劃已培育出超過700支初創團隊及公司，為城大學生提供多元化的教育及自我增值機會，更重要是將城大的研究成果及知識產權轉化為實際應用。今年年初，城大又成立創新學院，提供一系列創新創科課程，以培育更多科創人才及深科技初創企業。

香港擁有不少成為國際創科中心的有利條件，包括資金及資訊自由流動，大學在科研方面有良好的基礎，加上香港特區政府對初創企業的扶持力度不斷加大，各界也紛紛追求創新技術，對青年人來說，現在是一個絕佳的時機去實現創新夢想。

在這個創新的浪潮中，香港城市大學出版社策劃「城創系列」叢書，通過分享來自創業初期和成熟發展的初創企業家，以及各行各業的專業人士的寶貴經驗和智慧，激勵和指導年輕一代，鼓勵他們跨越困難，追求自己的創業之路。

創業確實並非一條容易的道路，但它是充滿挑戰和機遇的旅程。青年人應該敢於冒險，勇於嘗試，並學會從失敗中獲取寶貴的經驗教訓。不要害怕失敗，因為每一次失敗都是取得成功的一個步驟。我相信每一位年輕的創業者都有無限的潛力和能力，只要保持積極的心態、持之以恆地向目標進發，總能獲得豐碩的成果。

楊夢甦教授
香港城市大學高級副校長（創新及企業）
楊建文生物醫學講座教授

我與香港城市大學的緣分，從「達之路」開始，2020年，香港城市大學出版社與我一同合作出版有關我爺爺故事的專著《余達之路》。自此，我與城大出版社開展了各式各樣的合作，去年我有幸參與策劃「城傳系列」叢書，邀請了與城大頗有淵源的社會賢達，分享他們的人生故事，冀能啟發年青一代勇敢追夢。

青年是社會未來的主人翁，近年我有幸加入香港特別行政區政府不同的委員會，包括青年發展委員會、扶貧委員會、關愛基金、兒童事務委員會等。在不同場合與香港青少年朋友交流時，了解到他們雖然對自己的未來有許多想法，甚至也有創業的念頭，但在實踐時偶爾會感到迷茫無助，無從下手。

我深信，創新精神在不同時代都具有重要價值，而創新與科技更是社會發展的原動力。如今，我們生活在一個全球政經環境不斷變化、產業結構日新月異的時代，年輕人所能選擇的發展路向也十分多樣。在與香港城市大學出版社討論時，我們十分欣賞社會上許多初創企業的斐然成就和卓越表現，相信他們的故事，對於青年人創新創業具有重要的指導作用和借鑒價值。另一方面，香港有成熟健全的初創生態圈，圈內各持份者一環緊扣一環，陪伴初創企業一同成長，可見年輕的創業人不是單打獨鬥的，只要對圈內各界有充分認識與聯繫，便能提高創業成功的機會。

有見及此，香港城市大學出版社特意策劃了這套「城創系列」叢書，包括《初創生態101》、《6+創新態度》及《300+城大創新社群》。《初創生態101》是一本初創企業的入門必讀書，此書訪問了初創生態圈中不同界別的專家，以其專業的知識和分享，為有志投身初創的人士解答方方面面的問題及提供貼士，協助他們踏出創業的第一步。《6+創新態度》專訪了多位十分成功、甚至是在全球有亮眼成績的初創企業，記述他們的創業經歷和心得。《300+城大創新社群》訪問了香港城市大學HK Tech 300計劃中的初創企業及策略夥伴，從中可見產、學、研的重要性。

香港城市大學自成立以來急速發展，成為全球知名的學府之一，以其創新思維和卓越教育聞名。「城創系列」正正集創新與教育思維於一體，我期望此系列叢書能讓年輕人跨出舒適區，把握創業的機遇，實現抱負。相信香港蓬勃發展的創科和初創產業，將會為國家整體經濟的可持續增長作出貢獻。非常感激社會各界對「城創系列」叢書的大力支持，讓這套叢書能順利問世。香港城市大學擁有豐富的人才和卓越的學術團隊，能參與這個項目，我深感榮幸。

余皓媛 MH
香港城市大學顧問委員會成員
青年發展委員會委員
兒童事務委員會委員

陳家揚

啟發及培育年青一代是教育的使命。香港城市大學出版社於2023年先後推出兩套叢書，包括以展現城大學者故事為主題的「城儁系列」(CityU Legacy Series)，邀請了城大中文及歷史學系的國際級傑出學者張隆溪教授，分享其傳奇的學術人生；其後推出「城傳系列」(CityU Mastermind Series)，專訪兩位與城大甚有淵源的社會賢達——香港科技園公司董事局主席查毅超博士，以及香港中華廠商聯合會會長史立德博士，記錄他們鍥而不捨、奮發向上的人生經歷，藉此勉勵年輕一代創出一片新天地。叢書出版後引起了社會各界的關注，並獲教育及文化界人士一致好評。

2024年初，我和本社作者余皓媛女士討論如何深化推動人才培育與傳承。余女士自2019年開始是城大顧問委員會成員，同時出任特區政府青年發展委員會委員，一向深切關注香港下一代的發展；大家也不約而同想到「年輕人科創追夢」這熱議題，而城大自2021年起舉辦創新創業計劃HK Tech 300，至今年年初更成立「城大創新學院」，都體現了城大同仁同心協力，為年輕一代提供初創資源和推動香港初創生態發展的目標。然而，不少年輕一代懷抱初創夢，但未必知道如何將初創理想「落地」。此乃「城創系列」(CityU TechVentures Series) 叢書之出版緣起。

叢書初擬出版新書三本，包括：

《300+ 城大創新社群》——訪問了城大 HK Tech 300 計劃中的八間初創企業，以及六個合作夥伴，探討產、學、研之間多元有機之互動；

《6+創新態度》—— 專訪了六位資深初創企業創辦人。他們的創業經歷並非順風順水，但卻依靠獨到的眼光和不怕失敗的毅力脫穎而出；

《初創生態101》—— 以問答形式呈現，邀請不同界別的專業人士，解答初創企業在開辦之初可能遇見的問題。

成書過程中走訪了不少與初創有關的業界精英，言談中他們常常提到一個共通點，就是為了取得成功，要有「敢想敢闖」的態度；或許受其感染，激勵了我們一直勇往直前，儘管成書時間短、採訪用時長、叢書規模大，但團隊憑着熱忱和決心，最終亦能成功把這些精彩故事，呈現在讀者面前，對此我至感欣慰。

叢書得以順利付梓出版，我由衷感謝城大校董會主席黃嘉純先生，以及城大高級副校長（創新及企業）楊夢甦教授的全力支持；余皓媛女士在百忙中協助聯繫各界精英並參與面談，對此深表謝意。還要感謝城大校董會秘書唐寧教授、城大傳播及媒體講座教授黃懿慧、城大創新學院院長、電機工程學系講座教授謝志剛的支持和鼓勵。最後，更要感謝城大高級副校長室（創新及企業）一眾同事的協力促成，以及各位參與此出版計劃的專家學者及工作人員，在此再致以衷心的謝意。

這套叢書以圍繞「connect」一詞來設計，代表了出版社、初創企業，與年輕一代讀者之緊密連繫；書名中的「+」，則代表着我們對「城創系列」叢書繼續壯大的殷切期許。期待未來能夠邀請更多的初創企業家和相關人士，記錄創新創業之路上的跌宕起伏，為青年和社會帶來更多的啟發和思考。

陳家揚

陳家揚
香港城市大學出版社社長

序

梁君彥

多年來，香港人都力求創新、靈活多變，並能夠迅速解決問題，而這正是香港發展的優勢所在。當今世界正處於科技爆炸和數字化轉型的浪潮中，年輕人也具備許多機會來實現理想和抱負。我鼓勵香港的年輕人以開放的心態，敢於冒險，不斷學習和進步，尋找破解問題的創新方案。

所以，我對於「城創系列」叢書的出版感到非常振奮。這一系列書籍旨在鼓勵年青人積極創業，並為他們提供實用的指導和啟發。叢書不僅有創科生態圈中各界專業人士的答疑解惑，更邀請到了一些香港知名的初創企業家，分享他們的創科故事和心得。相信這些內容都將為讀者提供寶貴的學習資源。

作為香港工業界代表之一，我深深明白創業與守業的艱辛和挑戰。同時，我也深信只要我們保持謙虛的態度，持續學習和成長，並敢於追求夢想，就能夠在這個充滿無限可能性的時代中取得成功。閱讀「城創系列」叢書，我希望每一位讀者都能夠獲得啟發和動力，並從中學到寶貴的教訓和經驗。

讓我們攜手努力，為香港的創新創業環境注入新的活力，共同開創更加繁榮的未來。

梁君彥

梁君彥 大紫荊勳賢 GBS JP
香港特別行政區政府 立法會主席

序

蔡若蓮

教育乃國之大計，是提高科技水平、涵養人才資源、激發創新活力的根本。為支持香港發展成為國際創新科技中心，對接國家「十四五」規劃，配合國家實施「科教興國」戰略，教育局積極推動創科教育，培育更多未來創科人才。

要實現高水平科技自立自強，必須從基礎教育做起。我們在中小學大力推動STEAM教育，通過結合課堂內外，激發學生對科學科技的興趣，培養科學精神和創新思維，為未來的創科學習做好準備。高等教育方面，我們鼓勵學生就讀 STEAM 學科及與「十四五」規劃下「八大中心」相關的學士學位課程。培養具備不同範疇知識的專才，以鞏固及提升香港的優勢，服務國家所需。

城大出版社的「城創系列」叢書，旨在鼓勵年青人積極開創自己的事業，配合政府一直以來致力推動創科教育的方向。「城創系列」匯集各界專業人士對初創發展的獨到意見和實用建議，並收錄了不同初創企業的創業故事，具有很高的參考價值。通過閱讀此書，相信能讓有志投身初創的年青人，更了解初創生態的運作和成功的關鍵要素，對未來的創業前路有所啟發。

盼望與大家攜手同心，培育下一代成為創新思想家和領袖，共同塑造一個充滿創造力和機遇的未來。

蔡若蓮博士 JP
香港特別行政區政府 教育局局長

序

查毅超

我們正經歷香港創新科技的黃金時代，國家及香港政府的支持是史無前例的強大！近年來，我有幸參與多項公職，回饋社會，包括全國政協委員、特首顧問團成員，亦獲邀加入不同與科技相關的機構及部門，包括香港科技園公司、創新科技署InnoHK創新平台督導委員會、香港工業總會、香港中華廠商聯合會、香港應用科技研究院、物流及供應鏈多元技術研發中心等，見證香港以至世界各地的科創發展，深深明白這是世界大趨勢，值得我們深耕細作。

香港具有卓越的金融體系、優質的教育資源、國際化的商業環境等，要發揮「一國兩制」下「背靠祖國、聯通世界」這得天獨厚的顯著優勢，大力發展創科及培育新興產業，穩步實現香港成為國際創科中心的願景。根據《2024年全球初創生態系統報告》，香港在新興初創生態系統排名亞洲第一。

基於這些優勢，只要將本地研發、創新製造及融資三方面緊密結合，便可形成一個持續發展的創科生態圈，成為香港多元經濟發展的強心針。然而，對許多有志創業的人士而言，成立初創企業並非一蹴而就，途中也必將面臨許多挑戰，唯有不斷嘗試和考驗，才能獲得最後的成功。

正因如此，我推薦「城創系列」這套富有啟發性的叢書，書中記述了一些初創企業家的創業故事和各界專業人士對於初創的建議，為對創業感興趣的年青人提供了具參考價值的資訊。只要有新意念，無論是初出茅廬的創業者，還是已經踏上創新之路的企業家，這套叢書都將成為他們的良師益友。

查毅超 SBS JP
香港科技園公司董事局主席
福田集團控股有限公司董事總經理

鍾志平

城市的脈動與創新的力量往往相互交織，共同鋪就了現代社會的發展之路。身為香港工業界的一份子，我深感榮幸能為這個城市的創新科技發展盡一己之力。如今世界形勢風雲變幻，我們必須以謙虛的態度面對世界的變遷，並以專業的知識與技能迎接未來的挑戰。

香港城市大學出版社這套「城創系列」叢書，正好為年輕人打開一扇通往初創世界的大門，通過初創企業家的真實故事，以及初創生態圈各持份者的分享與實用建議，相信可讓有志於創業的年青人有所啟發，踏出創業第一步，開創自己的事業。

我一直相信，年輕人是我們未來的希望和動力。他們擁有無限的創造力和潛能，只要給予適當的引導和資源，他們將能夠引領我們走向更加繁榮和可持續的未來。因此，我衷心冀望年輕人能藉此書獲得有用的知識和資訊，伴隨他們走創新創業之路，為香港的初創生態圈發展作出更多貢獻。

鍾志平 GBS JP

創科實業有限公司聯合創辦人

香港工業總會名譽會長

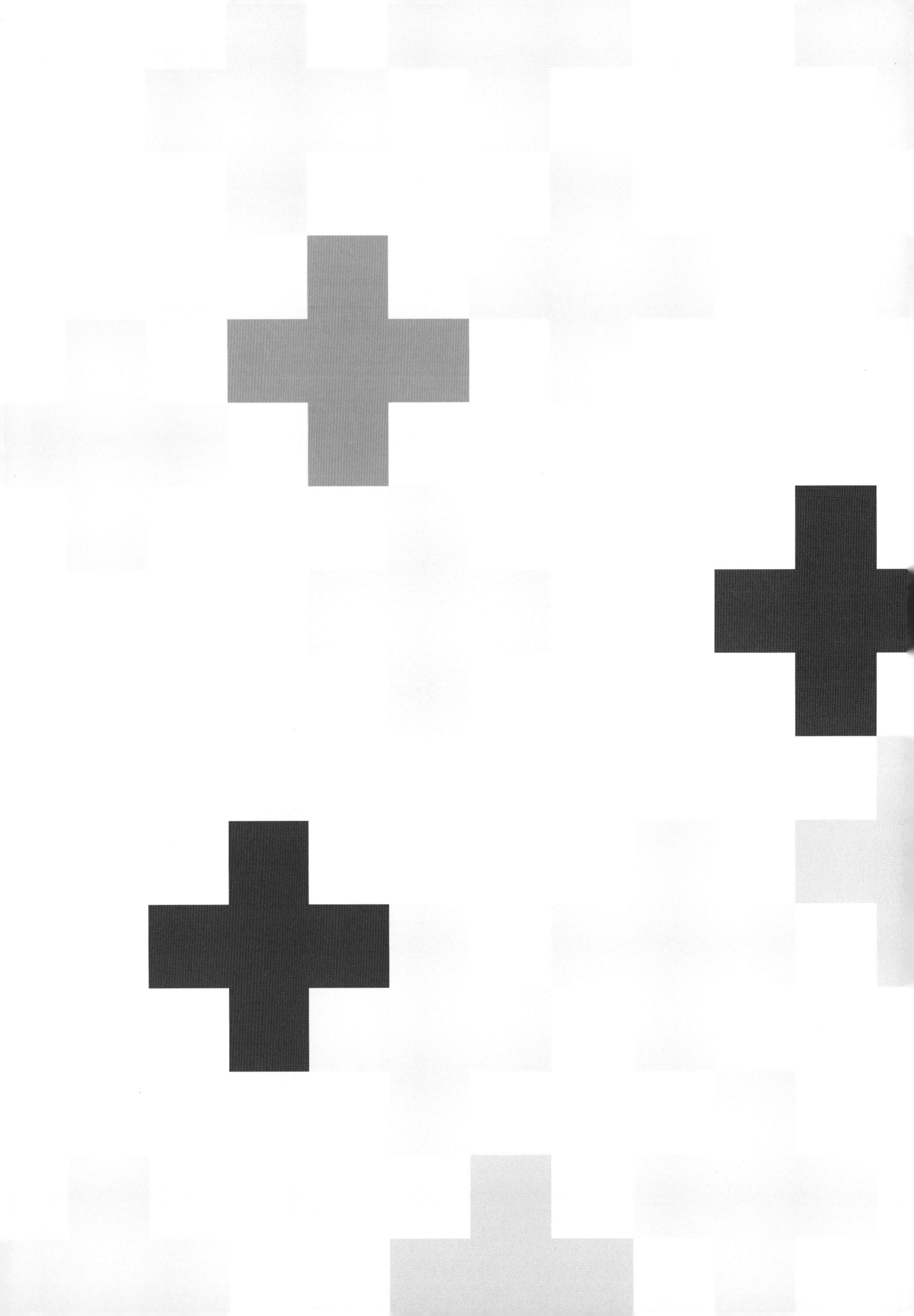

目錄

當自己的上司

陳展程

陳展程（Ray）辦 9GAG 分享搞笑meme圖，卻自問不擅搞笑，真人認真、自信，且講求原則。讀法律出身，從事過不同工種，最後選擇創業，以大膽創新的思維管理團隊，望為苦困生活帶來一點調劑。

9GAG

創立年份	2008年
創辦人	陳展程、陳展俊、陳兆欣、馮澤輝、余子雷
業務範疇	互聯網、社交媒體、Web3
員工人數	約60人
公司宗旨	Make the world happier （使世界更快樂）
三個形容9GAG的詞語	社群、快樂和創意

陳展程

9GAG

大部分現代人，無論是三歲到八十歲，每一天都花大量時間玩手機，瀏覽社交媒體。社交媒體其中一個讓人沉迷的原因，是海量俗稱 「meme 圖」的搞笑圖片和影片，二次創作配上應景的對白，常含有幽默或嘲諷的意味。有時候，一張精彩的meme圖，讓人覺得很有記憶點，往往勝過千言萬語。有人說，網絡時代讓人與人的距離變得疏遠，但換個角度，這只是以另一種方式，另一種語言去連結。

網絡平台 9GAG 是最大型的「meme 圖工廠」之一，擁有超過二億用戶。公司於 2008 年由陳展程(Ray)及其弟弟陳展俊，以及陳兆欣、馮澤輝、余子雷五位香港人創立，沒有偉大的理念，只是想大家快樂一點、笑多一點，尤其是在愈來愈動盪不穩、充斥負能量的世界，誰不想輕鬆一下？

近年，團隊由線上走到線下，舉辦實體 meme 圖展覽，並積極擴展 Web3 領域，成立 Memeland，發行NFT，創立加密貨幣 Memecoin（$MEME）等。一路走來，9GAG不離三個關鍵詞：社群、快樂和創意。

最好的東西就在身邊

9GAG創辦之時，本着一個非常單純的動機：建立一個平台，讓大家上載和分享搞笑的圖片。當時Facebook、YouTube等尚未盛行，亦未有YouTuber、網絡 KOL等可以靠創作內容去賺取收入的途徑，但大家已很習慣在MSN Messenger、ICQ 等上一代的通訊軟件，或以Email互相轉發搞笑圖片。當時Ray就想到，不如搭建一個網站，一鍵即可上載圖片，觀眾可以投票，人氣高、多人喜歡的圖片會更容易顯示出來，讓更多人看見。

這個網站開首只是一個「配角」，從來不是主要的產品，其實當時團隊對於另一些比較「有用」的點子如網上卡拉OK、相片分享網站等更有信心，誰不知，看似最不中用的9GAG，用戶人數一直上升，廣告收入亦因而飆升。直到Ray和同伴於2011年前往美國矽谷參加500 Startups時，有一位導師「一言驚醒夢中人」：「與其做一些無人用的東西，為什麼不專注做9GAG？」於是團隊就放手一搏，集中資源改進9GAG平台。Ray回想：「兜兜轉轉，誰知原來最好的就在身邊！」

2008年，Ray與弟弟陳展俊，以及陳兆敢、馮澤輝、佘子雷一同創辦9GAG。

經過多年，Ray與幾位創辦人已帶領9GAG成為全球知名的搞笑圖片平台。

加入初創孵化器

Ray和同行的團隊先後參與500 Startups和 Y Combinator，兩者都是初創公司的孵化器，為來自世界各地有志創業的人提供了一個空間，各自發展其概念和產品，互相砥礪，當中會有導師給予支援和意見，計劃尾聲會有面向投資者的演示日 (demo day)，幫助配對適合的投資者和初創公司。

回望那段歲月，有苦有樂。當時9GAG雖然已有薄利，但Ray和同伴都十分省吃儉用，有一個星期，他們忘了續租一直暫居的酒店，唯有轉租便宜的民宿，三個大男孩在圓型的情侶床睡了一周。Ray打趣道：「夜闌人靜，在床上轉過身來，一下子就會碰到同伴那雙溫暖的腿，既窩心又嘔心。」那時 Ray 的父母怕他們沒有飯食，特地叫他們帶上一個電飯煲，其他國家的人見到，都以為他們是很窮的亞洲人。

2011年，Ray與同伴前往美國參加初創計劃，因租不到廉價酒店，唯有住進情侶民宿，三位創辦人同睡一張圓床，這段創業時光令他印象深刻。

比較了來自不同國家參加孵化器的參與者，他發現華人是特別勤奮的，當時30個團隊中，只有兩個團隊會工作至深宵，連周末也不例外，一個是來自台灣的團隊，另一個就是9GAG。「據說創業公司百分之九十五捱不過一年便會關門大吉，現在十多年過去，我們這兩個團隊還屹立不倒，哈哈！」同期中也有公司現在已晉升為明星企業，那些創辦人當時也是跟他們一起穿着拖鞋，蓬首垢面地埋頭苦幹。「我最大的感受就是，當自己身邊圍繞着一班有共同目標、既聰明又努力的人時，自然便會互相提升。」

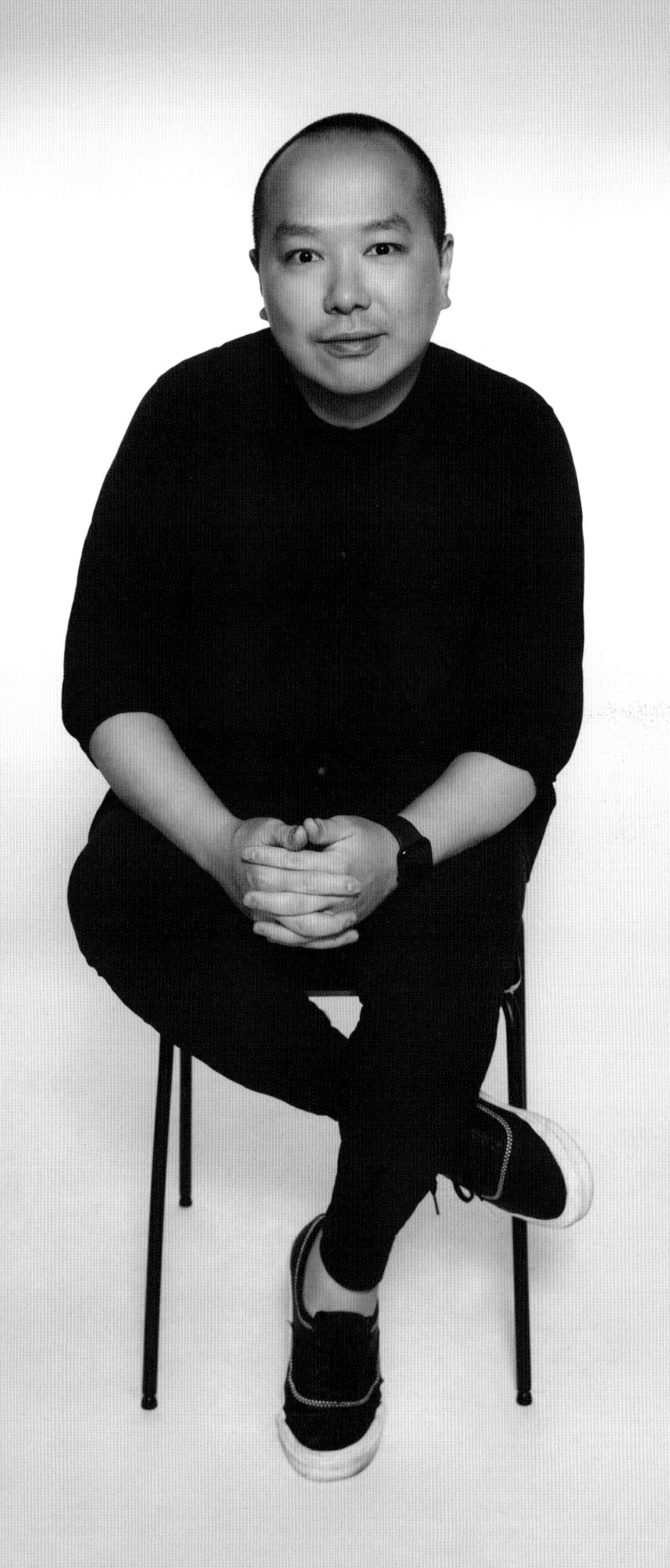

9GAG的員工有優厚的待遇與福利，公司環境舒適，不少學生都曾參觀公司，Ray也樂於和他們分享創業的苦與樂。

推己及人　化悲傷為祝福

對於9GAG而言，參加兩個創業加速器的最大得着，除了認識了不少創業者外，還成功籌集到280萬美元的資金。公司的盈利加上投資者的資金，讓9GAG可以有更多資源招攬人材，包括提供有競爭力的薪金和優厚貼心的福利，「我們支付的薪酬應是同行和規模相若的公司之中較高的」。員工可享的假期也遠多於市場，除了25天年假，還有20個星期產假（侍產假、領養假八星期）、家事假（如陪家人看醫生，包括寵物）、兩星期婚假等。公司早前更嘗試實行無限年假制度，員工可任意放假，但香港的員工卻因而不敢隨便申請，怕被批評影響自己。一些在海外適用的制度，有時候在香港卻未必湊效。

公司還為員工提供了保障全面的保險，包括保額達員工薪酬五至十年的人壽保險，還有高達千萬港元的醫療保險。如此優厚的待遇，源

最欣賞的企業家——
我喜歡李嘉誠先生說的
「發展不忘穩健，
穩健不忘發展」。
這樣才能不斷突破自己，
穩步前進。

Amazon創辦人Jeff Bezos，
他是個有趣的人。
他重視原則、很有願景，
常常妙語連珠。
他在一個訪問說到，很多人問他十
年後世界會有什麼改變。
他答道：
「更重要的是有什麼不會變，
因為知道什麼不變，

9GAG在新冠疫情前位於荃灣的7,000呎辦公室，現在已經退租，全體員工在家工作。

於Ray早前的喪子經歷。他的大兒子於2018年健康出世，但兩周後卻不幸感染流感，病情反覆，最終兒子在世上只活了短短的99天。家中遭逢巨變，Ray也沒有上班半年，留在家中陪伴家人。

「這件事對我的人生觀帶來了很大衝擊，對身邊事情的看法也不一樣了。我很幸運，因為我是公司的創辦人，有很好的團隊，可以放下工作，醫療費用也不是太大問題。但假如這些事情發生在同事身上，縱使他們可以請假，但經濟上的負擔仍然不少。所以我和其他創辦人商量後，我決定增加同事的保障，令大家遇上不幸的事情也可以無後顧之憂，專心照顧家庭。這也算是我們嘗試把不幸的事，轉化成祝福。」

一間公司才能定下明確的發展策略。
無論是今天或十年後，
沒有人想長時間等待收貨。
如何加快貨流就是不變的挑戰，
也最值得投資。
Focus on things
that don't change.」

兒子因呼吸道疾病離世，Ray 對於相關疾病特別着緊，因此當 2020 年新冠病毒爆發時，他和管理層很快就決定全面採取遙距工作，退租實體辦公室。「那是很直接的決定，第一，因為我們的工作性質真的不需要在固定地點工作，第二，其實在 COVID 之前，我已經想減少對辦公室的依賴，但同事有很強烈的慣性，覺得回公司比較好，又會擔心如果其他同事都回公司上班而自己不在，上司對自己產生了不良的觀感。雖然 COVID 令很多人痛失親人，很多行業亦受到影響，但是對於我們公司來說，它創造了誘因讓我們走出舒適區，逼使我們盡快適應和追求進步。」

當自己的上司

現時 9GAG 所有員工仍然是遙距工作，假如有同事需要在外面租用共享工作空間 (co-working space) 開會或工作，公司會有相關支援。這反傳統的工作方式，依靠僱主和員工的信任和自律。管理上，Ray 要求同事「成為自己的主管」(manager of one)，即是同事們要懂得自己管理自己，不需要其他人「捉住手做」，或者見到上司才認真工作。他們要清楚自己想要什麼，知道哪種公司適合自己，不要期望每天遊手好閒，抱住「都係打份工啫」的心態。

安排了遙距工作，公司上下需要更追求「目標為本」：「我們重視的是目標和成果，花多少時間不是最重要的考慮。大家定下了目標，就要努力做到，遇上困難時，一定要主動溝通。」

同時， Ray 強調公司不是以客為先，而是以團隊為先。「我們相信照顧好同事，大家就會照顧好客人，所以我們以團隊優先。很多時候我們最先考慮的是，究竟做這件事對同事是否有益。假如客人無理取鬧，但公司還一味支持客人，同事便不會喜歡自己的工作。」

Ray 又認為，僱主和僱員之間應是平等互利的關係，因為公司選擇同事的時候，同事也在選擇公司，僱主不用高高在上，僱員也不用卑躬屈膝，愈有能力，愈多選擇。他希望大家有不滿的時候，可以盡快互相溝通，不應把它藏在心底，窒礙溝通。

作為父母　不反對就是最大的支持

Ray父母的教育對他有深遠影響。

雖然 9GAG 是以搞笑 Meme 圖起家的公司，但 Ray 自問不特別幽默搞笑。他自小喜歡閱讀武俠小說，中學是辯論隊的成員，大學時唸法律，父母最重視的是品德和原則。

「我們是基層家庭，爸爸以前在快餐店當廚師，媽媽是家庭主婦，偶爾替其他小朋友補習

Ray三兄妹兒時合照。

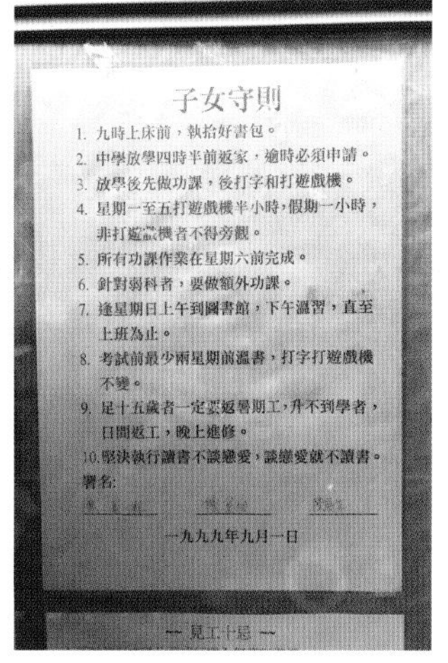

子女守則

1. 九時上床前，執拾好書包。
2. 中學放學四時半前返家，逾時必須申請。
3. 放學後先做功課，後打字和打遊戲機。
4. 星期一至五打遊戲機半小時，假期一小時，非打遊戲機者不得旁觀。
5. 所有功課作業在星期六前完成。
6. 針對弱科者，要做額外功課。
7. 逢星期日上午到圖書館，下午溫習，直至上班為止。
8. 考試前最少兩星期前溫書，打字打遊戲機不變。
9. 足十五歲者一定要返暑期工，升不到學者，日間返工，晚上進修。
10. 堅決執行讀書不談戀愛，談戀愛就不讀書。

署名：

一九九九年九月一日

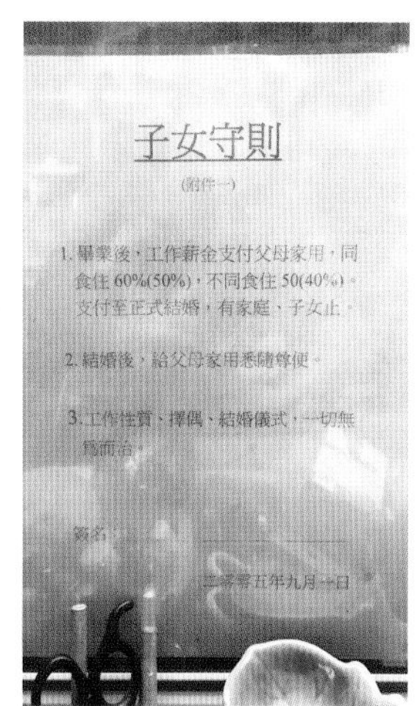

子女守則

(附件一)

1. 畢業後，工作薪金支付父母家用，同食住 60%(50%)，不同食住 50(40%)。支付至正式結婚，有家庭、子女止。

2. 結婚後，給父母家用悉隨尊便。

3. 工作性質、擇偶、結婚儀式，一切無

署名：

Ray的爸爸在子女小時候與他們設立了不同的「子女守則」，張貼於家中。

賺點錢。爸爸是很講原則的人，還記得小時候，他要我們三兄妹在一張『子女守則』上簽名，那時覺得上面所寫的規則全都不合理、不正常，現在為人父母，才發現當中的智慧。在當今社會，物質富庶，但小孩往往最缺乏的就是方向，有了原則，縱然面對不同的情況，我們都會懂得如何做決定，不至於太迷惘。」

Ray 有一弟一妹，三人大學都考進「神科」，分別是法律、建築和醫科。最後除了妹妹從事本行外，兄弟都投身 9GAG 創業。傳統上，父母都望子成龍，期待子女唸好書，畢業後找份好工作，因此 Ray 很感謝父母接受兩位兒子不當律師、建築師，反而走上了創業之路，「他們口裏說只要我們準時給家用，便不理會我們找什麼工作。我相信那時他們心裏一定很失望，但他們真的說得出，做得到，沒有干預我們的選擇，父母不反對，就是對我們最大的支持。」

如何平衡工作與生活？
我跟太太經常一起看韓劇和美劇，
自己也看動漫，
想看就看，想停就停。
我也很享受
和兒子上學和遊玩的時光。

Ray決心創業之前，曾嘗試加入不同行業，包括在銀行的法律及合規部當過見習生、在電視台當過記者和主播，又在一間網上閱讀平台做過產品經理。這段尋覓與探索的時期，對他而言不單未曾浪費光陰，反而是一段段必須且有趣的經歷，「有迷茫、有探索，才是一個有趣的人生。有些人從小立志做什麼，到長大後順利達成，這是否一定就最好呢？說不定他們的人生過得比其他人沉悶。」9GAG的創辦人當中，一人是他弟弟，另外兩人是互聯網公司的舊同事，一人是大學宿友的同學，如今回望，沒有繞過那些路，如果當年讀書成績太好畢業後當上律師，就沒有今天的9GAG。

Ray創業初期，與同伴在家討論工作。

擁抱Web3

9GAG由創辦至今，一直沿用網上媒體的商業模式，靠分享Meme圖吸引人流，賺取廣告收入。而數碼平台的一大優勢，在於客戶和用戶都不受地域所限，因此9GAG的用戶不少都在海外，9GAG甚至一直被誤以為是一間在海外成立的公司。隨着網絡生態轉變，9GAG也不斷進步，適應時代的步伐，由最初的Facebook、Twitter、Instagram到Snapchat、Pinterest、Tiktok，有用戶的地方，就有9GAG的內容。

2022年，Ray和團隊成立Web3公司Memeland，積極鑽研和發展Web3領域。Ray曾於訪問提到，在Web2的世界，往往夾在廣告商和用戶之間，兩面不討好，而在Web3的世界，創作者只需跟社群交代，為社群創造好的內容，就可以令作品增值，獲取利潤。憑着在9GAG十多年營運社群的經驗，加上有上億用戶加持，Memeland很快已成為亞洲領先的Web3項目。

近年，9GAG亦作出了不少新嘗試，例如2021年在九龍尖沙咀K11商場舉辦了實體Meme圖互動展覽，精選人氣Meme圖配合互動裝置，由線上到線下分享創意笑彈。而無論是Web 2還是Web3，9GAG都不離三大核心：一是社群，二是快樂，三是創意。

創業需要具備什麼條件？Ray笑說：「我覺得創業的人其實有一點傻，傻到覺得自己會成功，因為覺得自己不會成功，其實不會開始，所以創業往往要有一點瘋狂，有一點自信。我覺得創什麼事業不是重

給有志創業者的話——
有不少成功人士都叫人去追夢，
follow your dream，
或是follow your passion，
但夢會醒，熱情會冷。
我認為follow your contribution
或許更好，
只要做對身邊的人有貢獻的事，
那無論結果如何，
都絕不會徒勞無功。

MEME
LAND
MEME
LAND

點，重點是究竟為了什麼而創業。我身邊創業成功的朋友，他們通常都是為了解決問題（problem solving），而不是為了創業而創業。譬如發展珍珠奶茶零售業務，那也是創業，但是我們要不斷反思，到底我們在解決什麼問題，或許我們覺得其他珍珠奶茶不好喝？或者是附近沒有相關店舖？這都是在解決問題。創業成功的人，往往都是在解決一些自己很重視、很有熱情的問題。」

9GAG 初期集資時沒有積極尋找香港投資者，一來香港的創投風氣比不上海外，二來不少投資者對創科興趣不大。Ray 認為，在香港創業，最大的阻力是急功近利的文化，「人們往往很專注在一些看得到、捉得到的東西，很想趕潮流，追回報。傳統教育制度強調考試測驗，要成績好，不可犯錯，這環境令大家很小心，怕失敗。雖然失敗不一定是成功之母，但沒有嘗試，一定不會進步。假如我們能避免非黑即白去界定成功與失敗，能將每次挑戰看作是進步和學習的契機，或許有更多人願意創業。」

9GAG近年積極擴展Web3領域，成立Memeland，發行加密貨幣Memecoin（$Meme）。

成為對自己工作最挑剔的人

蕭逸

蕭逸人如其名，有點不拘小節，灑脫飄逸。他自幼受父母影響學習音樂，卻自謙成就不高而轉投科技行業，在世界各地到處闖蕩，以擴散性思考模式，用個人堅持的願景和座右銘，走其多姿多彩的顛覆之路。

Animoca Brands

創立年份	2014年
創辦人	蕭逸
業務範疇	Web3、開放的元宇宙、非同質化代幣（Non-Fungible Tokens, NFTs）、數字產權（Digital Property Rights）。
員工人數	約1,000名
公司宗旨	推進數位產權並幫助建立開放的元宇宙
三個形容Animoca Brands的詞語	開放性的（Open）、有影響力的（Impactful）、顛覆性的（Disruptive）。

蕭逸

Animoca Brands

區塊鏈、NFT（非同質化代幣），元宇宙成為全球熱話，科技發展一日千里，如何抓住時機，在紛雜萬千的網絡世界發掘重要價值？香港IT界先驅、Animoca Brands的共同創辦人兼執行主席蕭逸（Yat SIU）認為，重點在於創業家的靈活性，因為各種技術發展千變萬化，需要擁有創造性、擴散性思考能力。

蕭逸成長於音樂家庭，卻走上互聯網技術開發旅途，年輕時自學編程，早於上世紀90年代在香港創建初代互聯網及電子郵件供應商Hong Kong Online，其後共同創立Animoca Brands，宏觀探索數位產權（Digital Property Rights）的願景，因為他相信Web3能創建出更好的未來。

年少時編寫軟件初嚐成功滋味

蕭逸出生並成長於奧地利，父母來自台灣和香港，二人均是音樂家，在1960年代赴維也納讀音樂而結識。童年時，蕭逸因受家庭影響而學習音樂，最初是鋼琴，又學過長笛和大提琴，以為自己將成為鋼琴獨奏家或加入管弦樂團，然而，他坦言欠缺音樂天賦，並沒有走上音樂路。「回想起來，從音樂中學到最大的一課，不是創造力，而是自律。因為當你表演時，你就是你最大的批評者。其他聽眾可能會讚好，但其實你知道自己犯的錯誤，所以說你就是對自己工作最挑剔的人。」

相比音樂，蕭逸更享受在網絡世界探索，創建軟件。他年少時利用CompuServe的互聯網技術，編寫並發佈了一個創作音樂的軟件，雖然其音樂老師不太欣賞，網絡上卻得到不少正面反應，這一步成為蕭逸開展編程事業的契機。當時使用者開始付錢給他，年少的他沒有銀行賬戶，都是從郵箱收到別人寄來的支票。「在我很小的時候，父母就離婚了，這個成長環境可能有影響。當我年輕時編寫軟體能賺到第一筆錢時，意識到這實際上很重要，能夠買自己想要的東西，為家庭貢獻，是一種非常解放、賦予力量的感覺。母親因為音樂巡演，不常在家，我大部分青春的時間都是一個人生活。在種種因素下，儘管不是純粹由資本主義企業驅使，但我想我一直渴望對世界產生某種影響。這個想法並非個別的，事實上，我認為很多人都渴望自己有影響力。所以我寫程式軟件，在CompuServe分享，對別人有正面影響，那不只是金錢的回報，更多是我找到認同，可以為他人帶來轉變。這讓我想繼續做下去。我沒想過成為一名企業家，這實在有點偶然。」

外來人的身份　向世界探索的決心

成長於上世紀70、80年代維也納，蕭逸指，當地華人屬於小眾，亞洲臉孔自然顯得與別不同。「德語實際上是我的母語，但即使我說流利的德語，我也是外人。這不是因為文化和語言，只因為我看起來不一樣。」這個處境迫使他想到其他國家闖闖。

因緣際會下，當時電腦公司雅達利（Atari）因蕭逸在 CompuServe 的表現而聘請他，並讓他赴美國修讀計算機科學。「有些朋友對我想離開、去旅行探索世界的決定感到驚訝。我先後到過德國、美國，又到了香港和日本工作，對我來說，不曾考慮應該去哪裏，而是遇到機會便去試試。如果我的成長背景不是如此，可能不會有想去外地的需要，這點很常見於移民文化。」

另一方面，蕭逸雖然沒有受家庭薰陶而成為音樂家，然而，因為其藝術家母親一直在東德工作，他時常去探望她，「我因此認識到一個強烈的共產主義國家是什麼樣的，以及它對人們意味着什麼。當我越過邊境，知道有人藏在車底手持機關槍在盯着自己，活像間諜小說情節一樣，在歐洲那些地區長大的人會覺得這些很正常。這對我也有很大影響，尤其當我開始在美國工作，在一個行資本主義制度的地方生活，感受到的反差更大。後來到香港，我會說這是比美國更極端的資本主義形式。這既有好也有壞的一面，對於當時仍是年青的我，不知道這會對我日後的人生有多大的影響。」

在美國，蕭逸從伍斯特理工學院（Worcester Polytechnic Institute）轉到波士頓大學（Boston University）唸書。他發現最感興趣的是歷最欣賞的創業家——
我受到哲學家John Locke和
John Rawls的著作啟發。
雖然他們不是傳統意義上的企業家，
但他們展現了以不同視角
看待世界的企業家精神，
致力為全球一些最嚴峻的問題
尋找創新理念和解決方案。
他們擁抱並推動正向改變，
懷着使命，貢獻社會。

史科，「我實際上花了更多時間在文科領域。波士頓大學有很強的歷史學科，尤其在亞洲研究。過去在奧地利只接觸西方歷史，對於亞洲歷史的觀點，都是從西方的角度出發。我在大學讀到很多有趣的書，像一些非常具爭議性的書，我不一定同意書中的看法，但可以從中獲得另一種觀點。」這段時間令蕭逸累積了很多知識，也體會到不同思考觀點的重要。

其時因蕭逸的初創公司被SGI收購，他是團隊中唯一的亞洲人，後來更被派遣到亞洲公幹。他形容，人生很大部分由偶然的幸運事件構成，自己只不過順其自然。他觀察到，身邊其他朋友往往有長遠計劃，例如說要在某一階段積累到多少財富、到了某個年齡結婚生子等。「我從來沒有類似的計劃，我只有方向。對我來說，不是說到某個年紀就需要擁有一棟房子或一個家庭，這些從不是一套方程式。而是，我只是做我認為正確的事情，遵循事態發生並回應。我遇見我的太太也不是計劃之內，但就是一步步被命運引導向一個方向，我們很早就結婚。在商業世界同樣如此，就像你無法預算到沙士（SARS）、科網泡沫爆破等突發事情。」

他認為，人們常會依賴長期承諾帶來的安全感，「安全感同時像枷鎖，當有事情發生，你未必想或能夠放棄它。我不是批評人們想買房子，只是想說需要安全感的想法有時伴隨風險。擁有資產是重要的一環。我們要教導年輕人資產的價值，但重點是什麼樣的資產？不再只限於房地產，因為我們稱為傳統工作的那些勞動力不能趕上資產價值增加的速度，所以他們總是只在追趕。」

年輕人需要靈活性和擴散性思考

對於年輕人的成長和思考，蕭逸體驗過香港的家庭教育，感受尤其深刻。上世紀90年代初期，蕭逸來到香港，很快便成立了 Hong Kong Online，屬於香港早期互聯網服務供應商之一。1998年，蕭逸創立了多語言網路應用服務公司網炫（Outblaze），時值亞洲經濟危機，他記得時常收到員工的父母打電話來，為了確認這是什麼公司，由什麼人經營。他發現，這種家庭關係和西方文化習慣大相逕庭，「在香港，父母幫子女找工作就像是該做的事。然而，有時管束會限制子女的成長。我認為家長需要讓孩子自由地思考，必須講求靈活性，而靈活性在於有不同的思考方式。」

蕭逸在1990年代末成立Outblaze，辦公室設在灣仔。

蕭逸指出，人們在社會上受到很多與規則、命令、結構相關的訓練，這對於一個萬事井然有序且結構化的世界是有意義的，「但我們確實處於一個非常混亂而無法預測的世界。由於各種技術的發展，變化才是永恆。所以年輕人唯一可以準備的，就是擁有擴散性思考，靈活和具創造性的思考方式。當一個有擴散性思考的人看到一個問題，會將之視為機遇，看到了一千個路徑。如果換作那些思考單一的人，就會陷入困境。」

他用以往舊公司進行招聘時，在編程測試中的邏輯測驗為例子，面對完全截然不同的題目，真正具擴散性思考的人都會試圖解答問題，儘管不一定百分百正確，但他們願意嘗試；相反，有些人望見貌似與編

如何平衡工作與生活？

我愛早上做運動，如體能鍛練和跑步。太太經常帶小狗出門行山遠足。

我喜歡聽很多Podcast之類的內容。由於我每天只睡約四小時，所以有相對多的時間。

對我來說，閱讀和聽東西都是放鬆的方式，而遠足則是一種類似冥想的體驗。

蕭逸與Outblaze員工合照。

程工作無關的邏輯測驗時，真的會不知所措，甚至放棄參加測試，並反指他公司一塌糊塗。「實際上，邏輯測試只是其中一種測試程式設計的方式。是為了看看你是否可以用不同的方法解決某些問題。有些人放棄不做，但相反，有些人仍然會嘗試。矽谷大約四成的企業家來自不同國家，他們不得不訓練出擴散性思考，因為面對人工智慧、量子計算的高速發展，不懂多方位思考的人便會面臨很大的難關。」

抱持理念投身Web 3
實現數碼產權的未來

蕭逸追求開放靈活，從創建初代互聯網及電子郵件供應商，到銳意進軍 Web 3，洞察先機重要，但他最重視的始終是能夠為人帶來改變的願景。

給有志創業者的話——

如果你還年輕，你可以無所畏懼地去嘗試。因你沒有家庭子女或長期承諾等約束，所以自由度更大。

無所畏懼，是不要害怕失敗。恐懼失敗會令你不敢冒險。如果你不在任何事情上冒險，你就像從未真正活過。

你必須願意承擔風險，同時找到適當的平衡。

談論創業，蕭逸認為可以分為兩類，一是順應趨勢，如趕趁互聯網或人工智慧熱潮而創辦貼近趨勢的企業；另一類則更有顛覆性，是想像一個更好的未來，「無論是蘋果、Google還是Tesla，或者就我們而言，我認為Animoca Brands也正在努力成為這樣的公司，我們實際上並不是追隨正在發生的趨勢，而是試圖去定義和塑造它。」

Animoca Brands自2017年起探索Web 3世界，其後基於區塊鏈技術，開發出The Sandbox等遊戲，在過去的四五年間大約進行了四百多筆投資，已成為全球最大的Web 3投資者之一。蕭逸表示：「綜觀而言，投資與回報狀況無關，更重要的是我們正嘗試努力建立Web 3的行業和未來，實現一些目標。當你談論像馬斯克（Elon Musk）這樣的人時，你可能會不同意他一些想法。但他試圖創造的並不是自動駕駛汽車的未來，實際上是關於節能、替代能源未來等等更廣闊的願景。」

蕭逸看到數碼產權（Digital Property Rights）的願景是宏觀的，因此，他認為Animoca Brands投資和建立的所有東西都是為了以某一種形式實現數碼產權的未來，去中心化金融（Decentralized Finance，DeFi）出現後，他也參與其中，探索這個領域，「因為它仍然符合數碼產權。我們不是僅僅專注於某個特定產品或類別，即使市場變得非常不穩定，尤其是這幾年間，加密貨幣Terra（LUNA）和交易所FTX相繼崩盤等等。」2022年，生態系統穩定幣UST與美元脫鈎，Terra崩盤，價格暴跌幾乎歸零，導致全球投資者損失近400億美元；此外，世界第二大交易所FTX宣布破產，用戶無法取回資

很多香港人都害怕失敗，
這與他們所受的教育方式有關。
然而，現實生活中，
失敗無處不在，
而它是你最好的老師。
擁有個人願景和座右銘，
有助於引導你做決定。

Animoca Brands旗下的遊戲The Sandbox Game大受歡迎。

我希望能為他人帶來正面的影響，這樣的價值觀推動我下決定。不同人有不同的價值觀，有些人比較保守，有些人比較隨性。當面對艱難選擇時，時刻抱持你的座右銘。因為如果你不認為那是你的目標，就無法真正發揮你全部的潛能。

產，部分相關投資或借貸關係的企業面臨重大虧損或倒閉。蕭逸認為，許多企業進入產業非常困難，但他仍然深信數碼產權能創建出更好的未來。

「Web 3 是一場運動，很多人都可以參與。我認為當今世界其中最大的問題就是不平等，而參與 Web 3 就是我們去了解和解決這問題的唯一方法。」蕭逸認為，如今人們在現實世界中能透過資產的擁有權去參與不同活動並受益，但在數碼世界中，人們並不注意到自己並沒有真正地擁有數碼資產，而這是不公平的。他解釋：「人工智慧很有趣，它吸引了許多投資，但實際上它只是受那 0.1% 的人關注，誰能投資那些人工智慧公司？少數特權者。誰能從人工智慧的發展中受益？少數特權者。但我們一直忘記了一件事，每次使用 Google、Instagram 或 Open AI 時，我們都在為它們提供數據和價值，幫助它們的成長。而這些數據和價值的擁有權其實是在這些公司的手中。除非我們都是這些公司的股東，否則我們作為普通使用者並未能從人工智慧的成長中，按我們貢獻出的數據和價值獲得相應的報酬。而 Web 3 則與此不同。因為在 Web 3 構建的東西，無論是 The Sandbox 中的數碼房地產（LAND），抑或是社交網絡中的任何一個發文或數據，無論是在以太坊或其他的第一、第二層區塊鏈，我們都是真正的持有這些數碼資產。而我們看到的 Web 3 未來是，當我們用自己的數碼資產為一些公司或項目作出貢獻時，我們的貢獻價值將會在區塊鏈上公開透明，從而使我們能夠要求並獲得相對的回報。Web 3 將使數碼世界變得更加接近現實世界，並且更加公平。」他坦言，Web 3 使我們變成數碼資產的真正擁有者，而不再是勞動者。這是一個很重要的區別，也是他希望 Web 3 持續發展的原因。

很多人正過着他人期望的生活，
只做被告知要做的事情，
放棄自己真正想做的事，
這與人們成長所受的教育有關。
因此我重申，
當你年輕的時候，
要無所畏懼地自由探索和思考，
不要受到束縛。

蕭逸直言，人工智慧的未來將是去中心化。「我認為由社群擁有的網絡才是世界上最大的，而非私有化網絡。比特幣的價值正因為它事實上是去中心化。若比特幣由單一礦工操控，它將會暴跌，因為人們不會信任它。了解Web 3即是了解資本主義。」

香港在數碼資產的特殊角色

放眼全球，蕭逸提到像杜拜、新加坡，日本東京等等世界各地金融中心，但他認為香港確實有非常大的進步。「當創業家剛開始創業時，除了需要政府的支持外，也需要更多的資金，另外是要有一個更開放的投資者網絡。現在香港有數碼港和科學園，而且不僅僅是我們 Animoca Brands，整體而言有更多天使投資者，如果你有好的想法，他們很樂意為初創企業提供資金。」

蕭逸表示，香港在數碼資產方面發揮非常特殊的作用，「因為香港一直扮演國家的金融中介角色，而香港將是國家重要的數碼資產金融中介。在中國內地很有可能永遠不能進行加密貨幣交易，所以香港會繼續擔當一個特殊的角色，讓年輕一代有機會參與嶄新發展的 Web 3 領域。」

Animoca Brands 在沙特阿拉伯的發展

Animoca Brands 近年在沙特阿拉伯大規模投資並建立不同的合作關係。2024年3月，Animoca Brands 宣布與沙特阿拉伯的新未來城項目 NEOM 建立戰略合作夥伴關係。當被問到會否因中美關係的緊張局勢而調整投資策略時，蕭逸表示：「我們在歐洲也有很多投資。儘管我們最近在沙特阿拉伯做了不少策略工作，但這並不是資源重新調配，更多的是因為我們認為沙特阿拉伯是未來幾十年中擁有最大成長空間的地區之一，這點與沙特阿拉伯的宏觀經濟有關。當你到過沙特阿拉伯時，會感受到一種人民對國家民族發展的熱情，許多曾經離開沙特阿拉伯的人紛紛回國。他們在國外學習了知識，然後回來幫助國家建設，因為他們看到了機會，同時也為國家感到自豪。這就像二十多年前中國的海歸人士回國建設一樣。」

蕭逸坦言，Web3的去中心化特徵，使得該行業不會面臨與中心化生態系統相同的地緣政治問題。相反，他相信 Web 3 是全球的未來願景。蕭逸和 Animoca Brands 積極推動數碼產權，致力於創建更好的未來。這與他年少時的初衷一致，希望善用科技發展，為他人和世界帶來正面的影響。

Animoca Brands 近年在沙特阿拉伯大規模投資。

主動出擊
勇往直前

余碧芬

余碧芬（Vriko）從小熱愛大自然，隨爸爸上山下海，大學時期熱衷潛水，見證香港水底的美麗與哀愁後，決心成立 Archireef 團隊，拯救珊瑚群落。她的目光遠大，執行力強，幾年間帶領公司衝出香港，進軍國際。

Archireef

創立年份	2020年
創辦人	余碧芬、David Baker、Deniz Tekerek
業務範疇	設計及生產珊瑚礁盤（Reef Tiles），助珊瑚復育，為不同的公私營機構提供完整的方案。
員工人數	30人
公司宗旨	我們的使命是利用創新科技修復退化的海洋生態，涵蓋從潮間帶到珊瑚礁的沿海生態系統。
三個形容 Archireef的詞語	創新（Innovative）、科學為本（Science-based）、自然向好（Nature-positive）。

Archireef
余碧芬

根據世界自然基金會，珊瑚群落在海洋生態中扮演非常重要的角色，孕育了四分之一的海洋生物，為牠們提供棲息地和食物。然而，全球珊瑚群落正面對種種生存挑戰，2024年4月，美國專門研究珊瑚生態的科學家指，地球正面臨第四次全球性珊瑚白化現象。珊瑚對海水溫度非常敏感，全球暖化引致水溫上升，令其將寄生在身上、為珊瑚提供營養和色彩的藻類排走，剩下一片慘白，長期白化可致珊瑚死亡，對海洋生態造成極大傷害。

2022年，香港多個地方發現大規模珊瑚白化現象，令人憂心。雖然翌年的香港珊瑚普查顯示珊瑚健康水平理想，但假若對情況置之不理，珊瑚警號隨時會再現。為幫助珊瑚復育，本地綠色創科公司Archireef研發出以3D打印的赤陶土「珊瑚礁盤」（Reef Tiles），將被拯救的珊瑚碎片移植到礁盤上依附生長，生長穩定後，再放回海底，長期觀察。團隊更與本地和海外的公私營機構合作，將保育與商業結合。

Archireef由余碧芬（Vriko），海洋生物學教授David Baker，以及創業家Deniz Tekerek於2020年成立，主要針對珊瑚復育工作，跟不同的公私營機構合作，將其研發的專利珊瑚礁盤放置到特定水域，一方面改善海洋生態，另一方面為合作機構創造價值，達到環保與商業共存，甚至雙贏。

Vriko與David Baker及Deniz Tekerek一同創辦了Archireef。

設計上，Archireef珊瑚礁盤呈六角型，以3D打印技術製成，可以因應水底環境和需要，靈活地組合成不同大小的礁盤，它們可扣連在一起，更加穩定地坐落於水底；礁盤上彎彎曲曲的孔狀，模擬扁腦珊瑚的形態，用以安放拯救回來的珊瑚碎片；礁盤採用赤陶土，物料比起傳統做法更加環保。

Vriko指團隊經過多年的試驗和無數失敗，才鑽研出現行方案：「傳統的方法用水泥、金屬和膠，但這些物料無法做到我們想要的效果。第一年，珊瑚確實生長得好端端的，但到了第二年就發覺，珊瑚依然無法紮根在礁盤上。當珊瑚種在一個不適合的基質（substrate）的時候，其實它沒有一個長遠的成效。我們失敗了四年，當時集生物科學和建築系專家的共同努力，才想到用赤陶土做礁盤。」這些蜂巢狀的六角型礁盤，就像植物的土壤，供珊瑚紮根生長。根據報道，Archireef的珊瑚礁盤上的移植珊瑚存活率高達98%，在香港的覆蓋範圍至少100平方米。

大自然的警號

常說香港是個石屎森林，但原來在看不見的水底深處，有一共84種石珊瑚居住，物種多樣性比起加勒比海的還要多，但懂得欣賞和保護牠們的人，卻是異數。

成長於上世紀90年代的Vriko，自小跟熱愛大自然的爸爸上山下海，走遍農田、樹林、河溪，「香港是一個非常特別的地方，我們的城市和大自然之間其實很接近，一個小時基本上甚麼都看到，所以於90年代，我一邊看着城市的發展，另一邊同時看到香港很多非常獨有的自然生態環境，不知不覺讓我對大自然特別有親切感。」

直至Vriko大學時考獲潛水牌，便醉心於水底世界，她總是被眼前豐富多樣的小生物吸引，她記得，有一次在果洲群島潛水，水底有形形色色的石頭，穿梭其中，好像去了電影《阿凡達》(*Avatar*) 裏面的世界，在水裏飛行，「我們會停在某個位置去靜觀，看着不同的魚在面前游過，畫面好像真實版的《魚樂無窮》。」

可是，真正令她投身海洋研究和保育的，不是見證海洋之美，而是見證這美麗海洋的崩壞。2014年，她到西貢潛水，親眼目睹一群扁腦珊瑚，在短短兩個月之間由一端開始，漸漸潰爛，好像蜘蛛一樣脫皮，珊瑚的骨骼組織慢慢脫皮脫骨，甚至不是白化，而是直接爛掉了。

「那個經驗對我來說是一個wake up call。我聽了那麼多climate change，一直以為它只是十年後的冬天不用再穿羽絨厚衣物這樣一個漫長的過程，原來地球暖化問題帶來的影響已經迫在眉睫，這件事很震撼。」

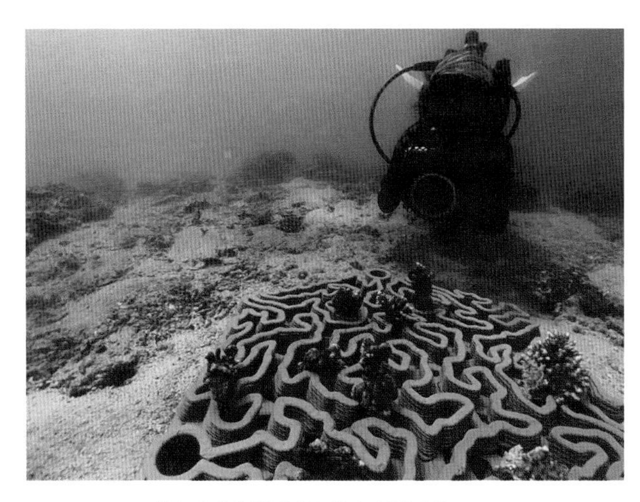

Archireef 3D帶打印技術製成的紅陶土珊瑚礁盤。

由那時開始，她整個心思都放在一件事：我們看不到的水底下，究竟發生了甚麼事，而我們可以做些什麼？

最欣賞的科學家——
Prof. Nancy Knowlton
她對海洋生態學的堅定奉獻，
以及她積極推廣海洋保育的努力，
她加深了我們對珊瑚礁的
科學認識，
還通過海洋樂觀主義
(Ocean Optimism)運動
激發了全球的行動和希望。

Prof. Knowlton體現了這句話的精髓：

「我們需要數字去理解世界，但亦無法僅憑數字來理解世界。The world cannot be understood without numbers, and it cannot be understood with numbers alone.」

主動出擊 勇往直前

Vriko生於傳統潮州人家庭，家人對女生的期望，首先是做老師。不喜歡文科，喜歡科學嗎？那可以做護士。家人眼中似乎只有這兩個選項。但Vriko卻開展了第三條路。

她於香港中文大學修讀自然科學，同一時期，為了可以有更多機會潛水（潛水對當時一個大學生而言是高消費活動），她「厚着面皮」發電郵聯絡香港從事海洋生態研究的教授，詢問是否需要助手或參與研究，從而認識了一位香港浸會大學的教授，不時因做資料搜集而需要潛水員潛水，記錄水底狀況，上述的西貢珊瑚白化現象正是當時的觀察。

為了找出珊瑚死亡的原因，她又自發把相關的照片發給世界各地的專家，到處問，雖然到了今天也沒有確實答案，但有機會是俗稱「藍眼淚」的紅潮引致，紅潮實際上是一層很厚的有毒藻類，海面覆蓋了一層深啡色藻類，即使是大白天，潛到水裏也是漆黑一片。水底沙地上，平時有海星、海膽等生物，但由於這有毒藻類，令水底缺氧，變成一個無氧的狀態，生物難以生存，沙地上密麻麻一片，全都是死屍，而珊瑚相信是因為吸收太多毒素，繼而潰爛。因藻類的毒素，Vriko亦因潛水而皮膚敏感了幾個月。

Vriko在香港中文大學修讀自然科學。

後來她聯絡到一個以前在香港做研究的英國教授，他將Vriko和團隊發現到的前所未見的現象跟相關部門溝通，「我很開心，當時政府部

Vriko熱愛潛水，大學時因目睹香港水域的珊瑚於短時間內死亡，萌生保育海洋的念頭，促使她日後創業。

門有一個很積極的應對方法，當時因為這事件，香港第一次由一個比較被動的保育，即只停於做調查、做記錄，然後拿走壓力源（如拖網捕魚），變成一個積極的保育，主動去做正面的人為干預，這是當時第一次在香港的保護區發生的。」

這主動積極、勇往直前的個性，助她創辦Archireef，成功將環保和商業結合，開拓新的業務模式。

如何平衡工作與生活？
與我的貓咪共度時光是最放鬆和
充電的方式之一！
無論是和牠們玩耍，
看着牠們探索，
還是寧靜地待在牠身旁，
我的貓咪都幫助我放鬆身心，
提醒我，簡單生活就是快樂。

由科學家到企業家

大學畢業後，Vriko轉往香港大學修讀生物科學博士。對學院出身的她，創辦Archireef初期的最大挑戰，便是如何將保育珊瑚的理想商業化，轉化為可長遠發展的業務。2021年，團隊參加香港科學園的電梯募投比賽（Elevator Pitch Competition, EPiC），規則是用一分鐘時間（一程電梯的時間），向評審和投資者推銷項目，以贏得資金。

Vriko回想道：「當時其實公司還是很初期，不夠一歲。我們平時做研究就是發現問題，解決問題，對外發佈研究成果，然後重複同樣過程。我們去到發佈了成果之後，其實已經是項目的結局。但當時我看到Archireef這個解決方案，知道這個解決方案有數據支持，也確信世界上有更加多地方需要這技術，所以便成立了Archireef……只是作為一個科學家，我真的不懂得pitching，決賽時我要用三分鐘跟別

Vriko贏出了2021年由科學園舉辦的電梯募投比賽。

人說清楚我為什麼要做這件事，我們的技術究竟有什麼用，為什麼別人要投資，還有你到目前為止做了什麼。這些東西我用半個小時都說不完！那次我開始學會怎樣把難明的科學，用『簡單易明』的方式說出來，吸引人，使人信服。」Archireef最終在芸芸參賽者之中脫穎而出，贏得比賽。

團隊繼而一步步將電梯募投比賽的經驗，應用在「實戰」。Vriko指，作為初創公司，最困難的是如何在沒有太多先例的情況下，建立第一個商業案子，令客戶明白珊瑚復育絕對不是「倒錢落海」，「珊瑚有其經濟價值，如果你在一個地方種植珊瑚群落，既有生態效用，亦有助減少風災損失，例如刮起颱風，也沒那麼容易影響到沿岸的物資，如果該公司跟漁業相關的，那珊瑚會帶來更多魚獲；或者如果它是一個跟油和煤有關的公司，那麼其實這些企業本就有這個社會責任去解決整個商業運營的影響。所以不同行業也可以從不同的角度思考這個課題。」

Archireef的首個商業客戶是信和集團，談合作之前，先要做足功課：「他們（信和）很着重可持續發展，但他們公司究竟有什麼業務跟我們相關，我們要去研究。」後來Vriko和團隊建議與他們的香港富麗敦海洋公園酒店和海洋公園三方合作，展開為期三年的項目，在水底放置珊瑚礁盤，預計可重建20平方米的珊瑚群落。「酒店位於海邊，他們也跟海洋公園有合作。與我們的合作，有效將集團對環境的貢獻，傳遞給他們的客人，衍生不同的工作坊和體驗。事實上，酒店客人的回頭率也有所增長。」

給有志創業者的話——留意市場動態，特別是綠色科技（green tech）涵蓋的範圍很廣，多留意市場動向及機會，就會找到自己的優勢。

TNFD國際框架提供發展機遇

隨着全球環境問題愈來愈嚴重，每個個體、企業、政府，國家的運作也受影響。為提倡和落實全球永續發展，2023年，國際間提出一個重要概念，為Archireef創造重要的發展契機。指的是由聯合國開發計劃署、聯合國環境規劃署金融倡議、非營利環團全球樹冠層和世界自然基金會，共同制定的「自然相關財務揭露」(Task Force on Nature-Related Financial Disclosure，TNFD）。

Vriko解釋：「不少公司都會有regulatory pressure，現在我們比較熟悉的就是要減碳，基本上香港所有上市公司都必須透露碳排放量，以及該公司的營運能否offset到。可以說，過去20年量度氣候變化的唯一指標就是碳排放。但自2023年COP28（第28屆聯合國氣候變化大會）和TNFD推出之後，其實我們是要由單純的零碳排放，轉向關注對大自然友善的未來，包括生物多元性，這正正是Archireef推動的生態價值。」

作為一間綠色初創公司，Archireef亦由單純的提供產品和硬件，轉型到提供整套的解決方案，由了解客戶需要，商討可行方案，到選址、放置珊瑚，到之後為期三年的實踐和數據分析，整個過程能夠將對海洋和生物多樣性的影響數據化，而這亦符合TNFD對於揭露相關資料的要求。Vriko對於Archireef的技術充滿信心：「我們現在用的技術稱為環境DNA（Environmental DNA)，評估水中的生物多樣化，在全球至今不超過五間公司真的有能力將這技術商業化。」

進軍中東

Archireef管理團隊的遠見，以及紮實的技術，吸引了來自世界各地的精英加入其團隊，甚至有本身在大公司身居要職的人亦不介意減薪加入這新創公司，追求同一願景。現時Archireef在香港和阿布扎比都有公司，像個小小的聯合國，公司員工來自香港、菲律賓、印度、敘利亞、德國、蘇丹、埃及、黎巴嫩、 土耳其、美國、新加坡、英國等地。

去年，Archireef與阿布扎比第一銀行(First Abu Dhabi Bank, FAB)達成合作協議，FAB將斥資將400個珊瑚礁盤放置在100平方米的水底，目標為提供2,400個棲息地，幫助重建水底海洋生態。進軍中東為 Vriko和團隊打下一支強心針，同時亦有助該國拓展石油以外的其他發展。「阿布扎比的公營機構相互合作緊密，而且從投資者、創業者、到實踐的機會，當地也具完善的生態，讓初創公司的技術落地，是一個很好的launch pad。」

Archireef的其中一個業務是把珊瑚礁盤放在海床、復育珊瑚。

雖然Vriko正在不斷擴充海外市場，但香港仍是公司科研和生產的基地，她堅信香港市場有限，但仍有巨大優勢，「如果我要重新選擇，我還是會在香港成立公司。有趣地，香港一個這麼小的地方，對於做海洋研究的人來說，卻是得天定獨厚的，因為這彈丸之地既有極佳的水質，也有非常惡劣的水質，我們知道究竟哪一套解決方案，抵哪個位就是臨界點。我們拿着香港這全面的數據，應用在不同的地方，加上我們的研究基礎穩固，而且資源互補比較容易，3D盟生打印礁盤的例子，當初我們萌生這個念頭，於是上網作資料搜集，到底哪裏可以做到3D打印泥呢？當時全球只有三部機可以做到，剛好有一部便在香港大學！所以香港擁有很好的資源，無論是硬實力還是軟實力，都是數一數二。」

Archireef正集中研發不同的方案和令產品多元化。2024年，阿布扎比的Abu Dhabi Ports Group就宣佈將Archireef的新產品Eco Sea Wall設置於Saadiyat和Al Aliah Islands的近岸水域，類似於一塊垂直的畫布，讓更多海洋生物可以在港口生長。繼中東後，Archireef亦積極部署歐洲和東南亞設立分支，希望為海洋保育出一分力，同時向其他有意創業者示範了如何將理想化成現實，令綠色科技真正可持續營運和發展。

Virko與阿布扎比的團隊。

如果你有一個意念和信念，
認為可以在順境和逆境
都繼續前行的話，
大家應該嘗試創業，
香港現在的創科生態日漸成熟，
很多以往創業的風險已被剔除。

以興趣帶動熱情

梁尹倩

Cinci爽朗直率，愛開玩笑，但對於自己所相信的事卻非常執着，從美國回流工作幾年後毅然報讀中醫，學習傳統中醫藥智慧，結合商業和市場推廣頭腦，將家傳米水發揚光大，憑其靈活變通殺出一條血路。

CheckCheckCin

創立年份	2016年
創辦人	梁尹倩（Cinci）
業務範疇	全方位養生平台，包括經營社交平台，銷售自家製「米水」及各式茶飲、湯包，以及中醫診症服務。
員工人數	10人
公司宗旨	CheckCheckCin 致力宣揚中醫未病先防概念，引領大眾微調飲食及生活習慣，維持身心整體平衡，保持健康體魄。以全方位的配套，包括社交平台、出版刊物、保健產品、米水茶飲，務求多方面引領大家認識自己的體質，找出最適合自己的保健方式。
三個形容CheckCheckCin的詞語	妙趣、靈活、創新

Check
Check
Cin
梁尹倩
朝・米水
DAWN・RICE WATER
CHECK
CHECK
Cin

傳統中醫予人刻板印象，在充滿藥材味的醫館裏，透過望、聞、問、切為患者看診，然後在盛載各式藥材的百子櫃前開出幾劑藥方，讓患者回家煎煮服用。踏入21世紀，中醫的工作不止於問診開藥，已遠超傳統的診療，講求經營品牌、產品研發、市場開拓等，絕對是集多種專業角色於一身的全面性職業。

CheckCheckCin創辦人梁尹倩（Cinci）是新世代中醫的示範，早於2012年開始經營社交媒體，令中醫知識普及化，同時兼顧問診服務，於2016年年底創辦了CheckCheckCin，以自家研發的養生米水作主打產品，深受追求健康又要方便快捷的都市人歡迎。IG專頁有近18萬follower，曾開設七間茶飲分店，深信「醫食同源」、要「治・未病」。

時間不等人

坐落於港島上環蘇杭街的 CheckCheckCin，大片通透的玻璃與清新簡約的裝潢，驟眼看或會以為是新潮 cafe，其實那是 Cinci 前舖後診的「醫館」。初次見面，一頭短髮的她爽朗健談，說話生動跳脫，跟印象中古肅正經的中醫形象背道而馳。

在修讀中醫前，她的志願是當運動治療師，誰知大學第一年修讀的第一科就是解剖學，考試勉強合格，隨即被當時的老師打擊信心，着她先想清楚是否適合修讀此課。恰巧當時她的信用卡被盜用，受挫的她跟媽媽傾訴，媽媽的建議竟然是：「你理財上缺乏知識，不如去唸商科吧！」當時沒有作進一步深究的 Cinci，憑這帶點「無厘頭」的契機，轉而修讀工商管理（理科）。畢業後回港，順理成章從事市場推廣，過了幾年全職打工仔生涯，但後來卻因為一件事，令她「的起心肝」，鑽研中醫。

Cinci 以往家住九龍城，區內有不少醫館，對中醫中藥一點都不陌生，傷風感冒喝中藥更是等閒事；小時候她媽媽也會給她看《皇帝內

CheckCheckCin 位於上環的「米水茶飲店——醫館」開幕。

茶飲店後面就是 Cinci 替病人診症的醫館。

經》的漫畫，她也莫名其妙地愛上了閱讀。她笑言，也許是因是這樣潛而默化，對中醫學科便產生興趣。

大學時期，她不時陪同媽媽或親戚去看一個很厲害的骨醫，啟蒙了她研習中醫。「他像神醫一般擁有一股神奇的力量，他的手既厚且大，那時我用盡全身力氣都做不到的事，他輕描淡寫就可以做到，也可以即時糾正病人的種種骨骼問題，非常厲害。這位啟蒙導師，正是香港足球代表隊前軍醫陳榮鋭醫師（又名骨陳）。」

陳醫師主張中西結合，思想開明，知道 Cinci 對中醫有興趣，每次都會趁有機會就教她一些簡單的手法，他亦是第一個鼓勵她去學中醫的人，幾乎每次見面，都會問一次「你什麼時候去唸中醫？」那時 Cinci 剛畢業，本打算學以致用，計劃工作一段時間才修讀中醫，學成後再跟這位「啟蒙老師」學習，誰料他驟然離世，「那時我才明白到，原來很多事情往往不盡如人意。」於是便立即報讀香港大學的五年中醫課程，並欣獲取錄。

中醫的召喚

常說香港文化是中西合璧，就是醫學也是中西並行。二戰前，中醫在香港盛行，其後來西方醫學成為主流。曾經有不少中醫擔心被邊緣化，然而，這傳統而古老的醫術不單未被取代，更隨着社會變化而不斷演變，與其他醫學互相結合，相輔相成。中醫背後蘊含的道理、講求天地人調和的邏輯，再與西醫的針對性療法結合，也漸為人受落。

最欣賞的企業家——
9GAG創辦人陳展程（Ray CHAN），
他與團隊一起創立了這個娛樂平台，
將幽默及創意分享
予全世界用戶。

Cinci自言以往對中醫理論不算十分熟悉，但認為中醫是非常合乎邏輯的醫學，「中醫也可以很快見效，例如患者有肩膀痛，可能接受按摩治療後已能即時紓緩痛感，甚至不用吃藥。我覺得這很好，因為即時的疼痛往往是最辛苦的……又或者，當你扭傷腳，患處腫起，西醫建議打針。但於中醫角度，扭傷代表筋腱走歪，那我用手法令它還原，不就是回復正常了嗎？所以我很想去鑽研這領域。」

中醫常說的陰陽調和，也會不自覺地體現於日常的飲食上，Cinci舉了一個活生生的例子：「小時候，爸爸給我倒了一杯西芹汁，我喝完之後有點頭暈，於是他又立即給我煮了紅棗水，認為可以『中和』不適。這些中國傳統智慧，都是由中醫理論演變而來，很有道理，我修讀中醫，也變得很順理成章。」

Cinci高中轉讀國際學校，然後遠赴美國攻讀美國大學，中文程度一般，連她身邊的朋輩也紛紛加入揶揄她一番：「你去唸中醫？你懂中文嗎？」不過，Cinci家人卻非常支持她，認為學點中醫都是對自己好，親戚朋友也樂於家中多一位「有牌」按摩師（Cinci一向喜歡為家人按摩）。

由加入市場推廣工作準備於商界大展拳腳，搖身一變希望可以成為一位能醫治病人的醫師，學習了解身體各式各樣的不同狀況，一般人也需要作多方面考慮，但Cinci抱着對中醫的濃厚興趣和熱情，加上樂天的性格，凡事想做就會做，不論過程，當刻就下了決心要拿取中醫師專業資格。「我唸了這麼多年書都不及唸中醫那五年要背誦的東西多，全部課文都要熟讀，融會貫通，否則臨床問診便難以得心應手；

Cinci 在美國升讀大學，但卻對中醫有濃厚興趣。

課程第五年須到上海龍華醫院實習。

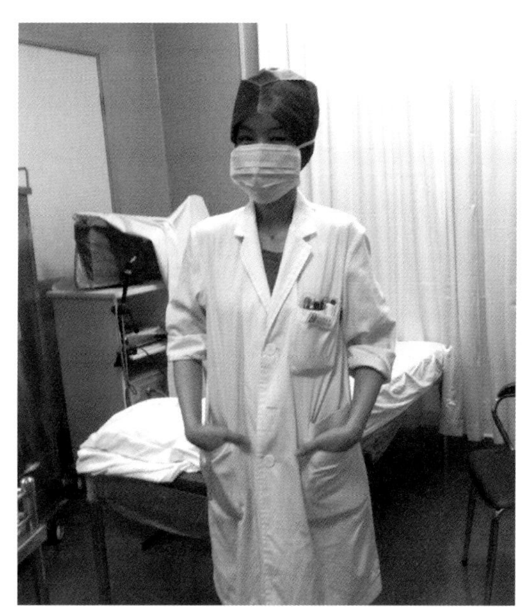

在上海實習時候親自為病人針灸、問診。

不過我認為，只要你找到自己喜歡做的事，就會找到方法適應，直到達到目的為止。」

她記得就讀中醫課程第五年要到上海龍華醫院實習，雖然當時只是學生，但由於醫院人手緊絀而病人眾多，所以有很多機會可以親身嘗試為病人進行針灸、問診等工作，也因而累積了豐富的經驗。「我不怕骯髒的事物，只要事後雙手可以清洗乾淨，我可以接受，不覺得惡心，反而有一次當值醫師教導如何為病人打針，要將一些中藥準確打進病人的穴位，我便有點緊張，但那一年的實習生涯，確實讓自己大開眼界。」

從線上到線下 將傳統中醫現代化

Cinci醉心傳統中醫學，卻不受舊式的執業模式所局限。「浸過鹹水」，也做過大品牌的市場推廣工作，正好將不同的經驗互相結合，從而「殺出一條血路」。她於2016年成立了品牌CheckCheckCin，取其口語「Check Check 先」之諧音，從名字已看得出其別樹一格及走年輕化的路線。最初CheckCheckCin只是個單純分享中醫知識

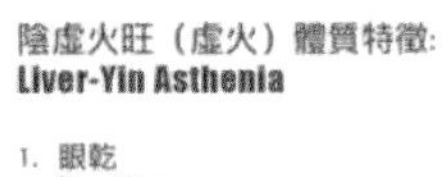

陰虛火旺（虛火）體質特徵:
Liver-Yin Asthenia
1. 眼乾
Dry eyes
2. 面部烘熱、潮熱盜汗
Feverish sensation of the cheeks, night sweating
3. 手腳心、胸口煩熱
Feverish sensation over palms, soles &chest
4. 口燥咽乾
Dry mouth
5. 喜歡喝凍飲
Like cold drinks
E C 涼茶
濕熱體質特徵:
Damp-heat body type
1. 容易感到胸悶或經常感到腹部脹滿
Distress in the chest area and sensation of fullness/ feeling bloated in the stomach
2. 經常無胃口
Small/ loss of appetite
3. 身體、手腳感覺沉重
Sensation of heaviness in the body and limbs
4. 身體發熱、流汗後仍然覺得熱
Low fever , not able to relieve fever after sweating
5. 口乾但不想飲水
Thirsty but not wanting to drink
6. 小便少、偏黃
Scanty-yellowish urine
7. 大便偏軟（大便後會黏住廁所）
Soft Stool (skid marks in toilet bowl)

Cinci在社交媒體上分享中醫藥資訊前，常常會先繪圖，讓讀者更易理解內容。

Cinci早期在樓上診所「EC館」應診。

的社交媒體平台，後來發展成結合診症服務及即調茶飲店的營運模式，期間Cinci亦撰寫了三本關於湯水的暢銷書。Cinci也娓娓道來CheckCheckCin的演變。

「最初我先開了一個Facebook專頁，當時不理解為何坊間有很多批評中醫的聲音，不斷在指責中醫的不是，按摩會「按壞人」，宮廷中醫偏方只是騙人等等……所以我最初只想透過這個專頁，把我所學到的知識分享與更多人，希望拆解一些謬誤，讓大家知道中醫不是坊間所指那樣，我們有理論與邏輯，並不是天馬行空。」

創業六年，她持續每天出一兩篇貼文，內容「貼地」入屋，題材包括如何分辨寒底熱底、養生湯水食譜、廿四節氣、女士養顏、食材補健等。除了中英雙語並行的文字，更配有精美的插圖插畫，開首的插畫更是由她親自繪製，後來事忙才聘請設計師代勞。即使對中醫沒基本認識的人而言，內容也相當吸引。那時，追蹤人數不斷增加，到現在，CheckCheckCin的IG專頁已有近18萬追蹤者，連同Cinci的個人專頁及Facebook，一共有約50萬追蹤者。「我覺得表現手法會影響大家的觀感，當過品牌市場推廣，那種對美學的追求已滲進自身的血液裏（一笑），比較容易理解什麼東西會讓大眾受落。」

剛剛執業，同時累積了一定數量網上追隨者，意想不到有人開始找她看診，最初，她的工作空間設於丈夫公司的一隅，是非正式的診所，也沒有護士，什麼事情也只有她「單人匹馬」，起初自己不太習慣，

如何平衡工作與生活？
每天晚上孩子們睡覺後，
我會花點時間放鬆、留白。
有時候任由電視播放，
利用這段時間放空，
看一些有趣的meme，
享受屬於自己的me-time。
這是我覺得很湊效的
疏肝減壓放鬆方式。

給有志創業者的話——

首先不要太過完美主義，

我曾經過分追求完美，

例如不能接受貼文圖像質素參差，

因而浪費了時間及金錢，

其實在外人眼裏，

根本察覺不到分別；

第二是要堅持，就像我

六年來每天至少寫一篇貼文；

CHECK
CHECK
Cin
Make
Healthy Living
a
Habit.

工作也有點忙亂，後來，漸漸累積一批相熟的病人，便把診所擴充起來，霸佔了丈夫公司的位置，租了整個單位為診所。

後來，因診所單位租金調高，樓上診所也不是一直想發展的方向，便決定另租地舖。「我很清楚自己不想全日坐在診所等病人求診，覺得做分享會或者在Facebook寫文，能接觸到更多人。繼而參考自古以來很多中醫診所都是前舖後診，舖面賣涼茶，後方看症，於是我也嘗試套用這種模式。」只是Cinci賣的不是傳統的五花茶、廿四味，而是米水、湯飲、茶療及涼果，客人可以像去珍珠奶茶舖一樣，挑選可口美味的米水茶飲，即買即飲，亦可買現成的包裝飲品，或材料包回家煮製，百貨應百客。

推出這些產品的背後，是Cinci一向主張的治未病概念，「我在上海實習的醫院有一棟『治未病樓』，提供如按摩、推拿等服務，就是讓『未病』的人調理的。很多人並不是有病才去看醫生，相反，只要你微調個人生活上的飲食及習慣，取得平衡，就會得到健康。」

所謂將傳統中醫現代化，其實就是要觀察現代人的需要，找到適合的方法去提昇他們的健康，「作為中醫，我不會怪責客人；『你晚上11時前不去睡覺，那就不要來找我看症了』，相反，既然對方有需要熬夜，或許要輪班工作，那我要幫他想出一個適合輪班工作的方法。沒理由幫不到的，所以我會盡量靈活一點去處理事情。」

CheckCheckCin以米水作為皇牌產品。

不是人人都濕熱

坊間有不少連鎖店主打養生飲品，更在每款飲品附上其成分和功效，看似很「專業」，但Cinci直言：「其實那些飲品都不是很健康，添加了很多糖。很多產品包裝說明都寫上『清熱解毒』、『祛濕健脾』等中醫術語，但我不是要這樣，我正正覺得太多人會假設自己的身體狀況，認為自己『濕熱』，但其實可能他不是，這些用語很容易被濫用而普通人亦未必了解。所以我以『感覺』出發，『你覺得今天感覺如何？』枯燥、疲憊、有壓力、煩躁等等，當下的感覺是最直接的，再用中醫的角度去分析，對應適合的產品。我們的茶飲屬性亦比較平和，它們不是涼茶。以前涼茶盛行是因為當時香港有大量勞動工作者，要在戶外工作，體力勞動需求大，必須經常飲涼茶消暑降溫。現時很多人都在辦公室工作，我認為不再需要推出太多屬性寒涼的茶飲。」為幫助大家了解自己的感覺與身體狀況，CheckCheckCin上環店的牆上有幅感覺地圖，網上亦有簡單的體質測試供人使用。

CheckCheckCin的飲品大部分屬性平和，男女老幼皆宜。當中最具代表性、最熱賣的產

第三就是屢敗屢戰，
要有企業家精神。
最後就是，
只要找到你喜歡的事情，
激發了你的passion，
很多問題或難關
都能迎刃而解。

品，非「米水」莫屬。「家人由我唸大學時期開始，也會叮囑我多喝米水，這配方我已經飲了很多年，當我修讀中醫時，才發現原來此配方不止屬性平和，還很適合都市人飲用。我飲用至今已十多年，氣息、身體狀況都不錯，於是就決定以這配方成為鎮店產品。我當上註冊中醫後，一直有將此配方寫在便利貼上派給病人，叫他們回家試弄，那知反應奇差，沒有人試煮。我也很理解，病人看中醫喝藥粉只因方便，又怎會花時間煮米水呢。於是我跟爸爸一起鑽研，將材料研磨成粉狀，真空包裝後再派給病人。病人們喝後反應一致叫好，於是創立CheckCheckCin的同時也推出了『朝、夕米水』即沖米水粉劑，作為品牌的皇牌產品。朝米水是基本配方，走脾胃經，夕米水則添加了黑豆和黑芝麻，走腎經，適合一早一晚飲用。」

Cinci指，香港天氣潮濕，人們生活忙碌，喜歡「Work Hard, Play Hard」，辛苦工作過後又希望吃得豐盛一點慰勞自己，以上都是影響脾胃的習慣。每天喝米水就可以強化脾胃，有如房間放了一部抽濕機，家具、牆壁等都不易發霉、脫漆。米水屬性平和，任何時候都適合飲用，值得推廣。

全盛時期，CheckCheckCin有七間分店，2022年有傳媒報道指CheckCheckCin月賣40,000杯米水茶飲，成績亮眼，但亦因此懷疑引來其他品牌抄襲。Cinci指曾經有某大品牌推出新式米水粉，其重量跟其研發的配方一樣，剛好是21克一包粉，但這21克的份量是她跟爸爸因無法精準計算三種米（紅米、白米、薏米）而意外得出，對

CheckCheckCin每包米水粉都有精準的比例配方。

SWC
HIGH PRECISION BALANCE
PRN
PCS
UNITS
TARE
ZERO

家不約而同推出同樣是21克的產品，難免引起懷疑。但 Cinci 對自家產品和平台很有信心：「即使他們抄襲成一模一樣的配方，也抄不到我們的靈魂。」

緊貼市場需要

為了把 CheckCheckCin 及 Cinci 所相信的中醫理念推得更廣更遠，她可說是扭盡六壬，除了網上平台及實體店，她更於 2015 至2017年間撰寫三本關於湯飲的書籍，並於中國內地及台灣發行。2020年，她更獲 J.P. Morgan 邀請，推出網上養生小冊子供大眾下載。她亦曾推出一款應用程式，上載了一千多種食材屬性及三千多份食譜屬性，背後牽涉不少人力物力，但因經營平台的成本過高而忍痛下架。

CheckCheckCin 自成立至今，Cinci依然凡事親力親為，因為只有如此，才能準確掌握到市場的變化及需要，獲取更多完善品牌及產品的靈感。「我現在還會抽時間親自回覆社交平台的查詢，這樣才會明白大家在想什麼。譬如我們的米水一開始是粉狀，後來聽到顧客反映，有時候因工作關係須外出開會，未能隨時找到熱水沖泡米水粉，我們才會有生產紙包裝的概念，方便即時飲用。又譬如我們一開始推出30款茶，因為我很堅持說身體有不同的狀況，後來有人反映三十款太多，難以選擇，我們就減到現在十款。聆聽大家的反饋很重要，更需要慢慢摸索。」

除了線上，線下交流同樣重要。Cinci不時在問診期間獲得啟發，例如她聽說有媽媽不讓小朋友吃白米，因為過於精製，不算健康，所以只吃小米，於是她立即出貼文解釋小米始終不是米，小米屬性偏涼，不宜每天食用；又或者當期多病人患感冒，就撰文着人小心身體等，隨機應變。

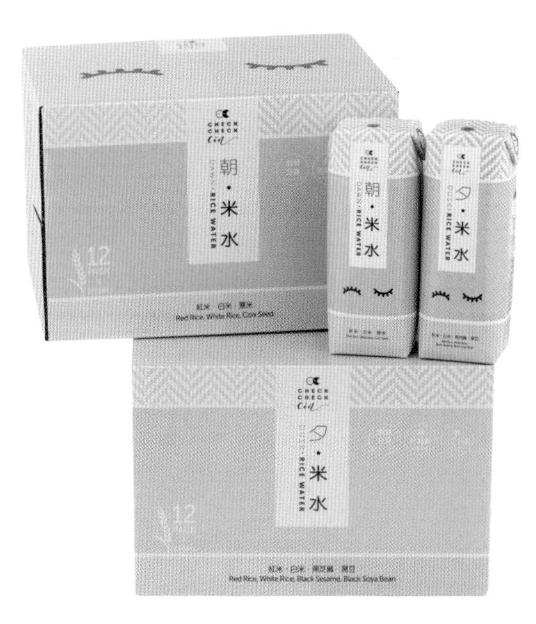

為滿足市場需要，CheckCheckCin推出紙包米水，大受歡迎。

Cinci純粹從分享資訊開始，這種無私的交流正正是讓CheckCheckCin邁向成功之道，「我很想將我學到的知識分享出去，也因為這樣，大家才可以長知識，覺得我們的平台能幫助他們。」近年，中醫同行也愈來愈支持她的理念，有些中醫同學或同行有意將米水引入診所供病人飲用。診症時不想跟病人講「煲湯經」嗎？可以看她的三本湯飲書，Cinci笑言：「我替他們做了一些他們不喜歡做的事，可以專心看症。」

她經常強調自己沒有生意頭腦，對於數字更是見到就頭痛，處理不了，「我個人好『短視』，只看到眼前的事，像頭牛一樣，說了要做就埋頭苦幹地做，結果會如何，我真的猜想不到。我愛正向思為，是樂天派，喜歡默默地埋頭苦幹。」只要堅持不懈，自能乘風破浪。

要創業
先要吃得苦

林凱源

林凱源（Steven）是典型的「香港仔」，家境不算富裕，卻樂天積極，主意多多，大學時隻身赴美留學，靠在中餐館打工和炒賣iPhone養活自己，苦差也當樂事。他相信創業最重要是靠自己雙手，肯搏肯捱，定會找到自己的路。

GoGoX

創立年份	2013年
創辦人	林凱源（Steven）、Reeve Kwan、Nick Tang、James O、Chris Yuen
業務範疇	科技物流平台
員工人數	約1,000名
公司宗旨	Dare to Venture, No Bullshit, Grow or Die, Top of your Game, Deliver Happiness
三個形容GoGoX的詞語	顛覆傳統、創新思維、知難而上

林凱源

GoGoX

有志創業的人，如果你現在的生活過得很好，就真的要令自己的生活痛苦一點。試試什麼都不問家人拿取，才去創業。

這金句由GoGoX聯合創辦人、CEO兼集團主席林凱源（Steven）說出來，分外有說服力，他與GoGoX可說是地地道道的香港故事，由一個在屋村長大、熱愛打機的普通男生，自食其力，遠赴美國打工供自己讀大學，靠炒第一代iphone賺幾十萬。回流之後跟另外四位友人創辦GoGoVan，由兩萬元資金，十年間擴張至上市公司GoGoX，業務遍及中國內地、新加坡、韓國、印度、越南等地。

看似無風無浪，其實是個歷盡了無數高低跌宕的「港味」故事，當中的每一步都驚險萬分：他曾經洗過污穢不堪的廁所、做「外賣仔」被槍指着頭、公司試過無糧出、人才流失……港式「小聰明」背後，更重要的是破釜沉舟的決心，和持續不懈的努力。

「別相信別人把口，相信自己對手。」

家人教落：窮？哪裏窮？

Steven的父母跟很多上一代的香港人一樣，從內地「游水」來香港，將近抵達大嶼山的大澳，船翻了，一行人游水上岸，幸運地，大澳有好心人收留他們，讓他們可以正式在香港紮根，「我父母經常說，我們這樣也死不去，還有什麼比當年差呢？」

俗語有云，「過咗海就係神仙」，但香港從來不是仙境，要生存靠的還是自己雙手。一家人住在藍田屋村，他記得當時家住四樓，樓梯間全都是針筒，又不時見到道友在後樓梯吸毒，見怪不怪，「1990年代，藍田村最出名是「古惑仔」，電影《古惑仔》真的在那裏取景，黑社會在球場打打殺殺，那就是我長大的地方。」但他從不埋怨，「我爸爸自小就給我的概念就是，窮？我們哪裏窮？我們有屋住，有瓦遮頭，香港幾多人要住籠屋？」

正是這看似平平無奇的家庭背景，為Steven提供了創業的最重要條件：樂觀面對現實的心態，以及解決問題的能力。

唸小學的時候，任地盤裝修工人的爸爸，拿了一部舊電腦回來，陰差陽錯之下又弄來floppy disc遊戲帶，正當迷上打機，電腦用了不久就壞掉，因為沒有資源，就用最「土炮」的方式，去深水埗鴨寮街找零件更換，當時Steven是身無分文的「嚫仔」一名，「膽粗粗」問檔主可否將所需零件借回家，試過有用再回來付款，檔主當然當他「運吉」，但他鍥而不捨日日造訪，檔主也不勝其煩而屈服。他笑言：「因為我真的很想打機，這是最大的動力，但這經驗令我學會用自己的方法解決問題。中學時期，大大話話幫過三四十個同學組裝電腦。」

大難不死 發憤自強

Steven父母管教不算深嚴，卻有原則，不容許看見他染金毛、刺紋身、抽煙，不准學壞，但年少氣盛的他，不免叛逆，並曾經玩出禍。由於喜歡有速度感的東西，他中二那年在網上認識了一些網友，並瞞着父母偷了回鄉卡到深圳香密湖玩小型賽車，誰知「炒車」，昏迷了六個小時，朋友把他送回北區醫院。醒來的時候，爸媽已經在病床旁邊，見他可以醒來，雖然生氣，也不免如釋重負，「我到現在都很記得他們的表情，我不知道如何形容。那一幕令我決定由一個邊青，變成一個乖仔，不想再行差踏錯。」

「炒車」事件在學校成了一時佳話，也引起老師的關注，他當時的中文老師用心良苦，為免他再有機會學壞，每日小息、午飯時間都要去教員室找他，簡直形影不離。那位劉Sir同時是香港青年獎勵計劃帶領同學行山的導師，每個周末都要他跟其他師兄一起行山，自此修心養性，即使日後去到美國「無王管」，也自律生性做人，但求不令家人失望。

中六的暑假，他在美國的大伯請他一家到美國洛杉磯，第一次到西方國家，所有事情都令他感到無比新奇和有趣。大伯建議，既然他對美國如此有興趣，何不在這裏讀書？很多人以為要去外國讀書必定非富則貴，但大伯說：「我來的時候只有20美元，每個留學生都是這樣，哪有人因為有錢來舊金山的，大家都是來賺錢的嘛！」

一言驚醒夢中人，不久，Steven就帶着父親給他的單程機票和200美元，踏上美國半工讀之旅。在機場，大家淚眼盈盈，他記得曾跟父親擲下豪言：「我一定要讀到最頂尖的大學，否則我不會回香港！」

Steven在美國讀書時，曾以學生會會長身份參觀白宮。

美國工讀 苦差當樂事

這次孤身到美國，Steven再沒有閒情逸致到處遊覽，到埗的第二日，他已經在中餐廳打工，洗廁所、洗碗、炒菜、樓面、送外賣，一腳踢。

又試過兩次，他拿着兩大袋食物去送外賣，按下門鈴，門一打開，一把槍對着他的頭，「I don't want any trouble, just take the food，車上還有兩箱青島啤酒，你想要的都免費給你。」電影一樣的情節，真實發生時，考驗當事人的冷靜和反應。幸好對方都只求免費餐，兩次都全身而退。

在美國讀community college的兩年，Steven每天早上6時起床，然後上課至下午兩點，再踩單車去中餐館打工，一直工作到晚上10時，再踩單車回家，然後才洗澡、做功課，凌晨2、3點才睡覺，晚晚如是，連最愛的打機都無時間。聽起來是非一般艱苦，但他竟說：「這是人生最開心的一段時間，我真的覺得好好玩，無王管，很自由。我想我很珍惜這個機會，真的很珍惜。」

Steven在課餘時間，也會到美國不同地方旅遊。

最欣賞的企業家——

維珍航空創始人Richard Branson

我看了他幾本書，

如*Losing My Virginity*和

Finding My Virginity，

閱讀時好像有一個充滿正能量的人

通過書本去鼓勵我，

我覺得自己創業有一部分是

受他影響的。

炒iPhone賺幾十萬

工作之餘，他亦努力課業，不用上課時便收聽美國電台練習英語，後來獲柏克萊加州大學（UC Berkeley）錄取，修讀商科。中餐館的收入不足以支付大學學費，於是他也試過不同方式賺外快，包括幫人維修電腦，在學校的停車場賣熱狗、可樂，幫人洗車，雖然辛苦，他也樂在其中。

在眾多副業當中，以炒iPhone最為成功。2007年，Steve Jobs推出第一代 iPhone，當年主流報道都不看好這部沒有鍵盤的電話，但那時Steven不時在eBay進行買賣，發現iPhone是熱門搜尋，於是他用全副身家600美元買了一部iPhone，研究如何將之解鎖，再放上eBay發售，不出15分鐘就以三千多美元成交，「我在15分鐘之內賺了幾千元美金，我很記得第一部iPhone是寄去伊拉克，那麼小的電話，我把它包得很隆重，聖誕禮物一樣！」他靠炒iPhone總共賺了幾十萬美元，他神氣地指，「要不是拿不到貨，我已經發達了！」

GoGoX的聯合創辦人Reeve和Nick當時也跟Steven一起在美國工讀，發現了「發達大計」後，三人兵分三路，不用上班的人就駕車去掃iPhone，很快第一批iPhone因這炒機熱潮而賣斷，之後的貨由可以用現金支付，到每張信用卡只能買五部，「我當時借了身邊所有人的信用卡。」後來又變到一張卡只能買兩部，正所謂「你有張良計，我有過牆梯」，三人想到一條絕世好橋：「原來去Walmart等地方買東西，可以有一些Visa或American Express的禮物券，只要增值那張卡，就可以消費，我們就是用這方法繞過阻礙，當很多人買不到 iPhone 的時候，我們仍然買到。連店舖內的職員也無可奈何，被迫賣給我。」有一次他拿了一大袋現金去增值禮物卡，被職員懷疑他偷錢，報警處理，幸好他有足夠單據證明他用來買 iPhone，最後全身而退。

Steven 的經歷令人想起香港電視劇《大時代》中的方展博，用盡方法賺一些錢，靠拼搏積少成多，日後成為股場大亨。自由而不放縱，享樂而非縱樂，放膽嘗試，不介意付出，亦不怨天尤人。如果要說創業的人要具備什麼條件，這些性格特質想必是重要元素。

回港創業

2008 年，全球金融海嘯，Steven 讀完大學第一年在銀行做實習，見證行業慘況，到處裁員，當時他就決心畢業後一定不會從事金融。海嘯餘波持續，加上留學生身份因簽證問題難以獲公司取錄，臨畢業

Steven與幾位 GOGOX 創辦人。

兩次都要直升機來拯救，
希望今次無事。」
他做人就是如此極致。

我曾親身見到 Richard Branson，
在他的島上跟他相處了三天，
他說他剛剛乘搭維珍航空
一架用再生能源發動的新型飛機，
在準備降落之前，
他開咪跟大家說：
「我曾試過用熱汽球和
帆船跨越太平洋，

如何平衡工作與生活？

我是運動狂，
喜歡打籃球和跑步，
未有小朋友之前
每天早上起身跑步，
愈大壓力跑得愈久。
另外我很喜歡看書，
看人物傳記和商業的書。

GOO

時他發了過百份CV，九成九沒沉大海，他心知在美國無運行，於是2010年尾，決定回香港。

2011年中，兩位美國的好友Reeve和Nick都回港，因當時大家都找不到工作，於是三人就想不如重操故業，他們回想在美國送外賣的經驗，決定在飯盒上賣廣告。

他們賣飯盒賣了半年左右，開始遇上困難，「香港的餐廳因為地方淺窄，不會保留這麼多飯盒在他們的餐館，因此通常是差不多用完才打去供應商再訂購。我們經常今天收到訂購，兩天後要送金鐘、觀塘、牛頭角，每一天都不同，所以我們很難預訂車輛幫我們送貨。我們早上六、七點就打電話給司機幫我們送飯盒，但總是叫不到。我們一天送超過十萬個飯盒到六百間餐廳，每天送幾百個點，我們不斷接單，但是原來送貨在香港來說是很大的問題。」這個親身遇到的物流問題，就成了日後GoGoVan出現的契機。

三人研發了手機應用程式GoGoVan，可即時配對司機和用家，省卻傳統電召貨車服務的等侯時間，大大改變了行業運作。這破天荒的意念，當時卻未有太多司機受落，三人要逐架逐架車去游說司機，到處派傳單宣傳，累積有興趣的司機。同時另外兩位聯合創辦人Chris和James亦埋班，負責程式和設計。2013年，GoGoVan正式面世。創業成本，不計創辦人的人工，不過兩萬元！雖成本不高，但創業頭幾年，回報也是微乎其微，幾位創辦人都沒有人工，要靠身兼數職，做補習、賣保險，支撐自己和家中生活。

Steven在成立GoGoVan初期，親身遊說客貨車司機使用其平台。

每每被問到對有志創業的年輕人有何建議，Steven都會直言：「首先，如果你現在生活過得很好的話，那你就真的要令自己痛苦一點。試試在什麼資源都不問屋企，才去想創業，要有置之死地而後生、孤注一擲的決心，無得唔得㗎！就像扭計骰，唔得就扭到得為止，一年、兩年、三年，扭到得為止。Idea（點子）是很廉價的，大部分人都有很好的意念，但有八成人不會去實行，剩下的兩成當中，九成都不是非常認真地去做，我們見到很多創業者，雖說是創業，但也要有份正職，等到生意做得夠大才辭去正職，這代表創業其實不及正職重要...剩下的就是，肯做，肯捱，最後就看運氣了。但要獲得幸運之神的眷顧，不是守株待兔，而是主動準備好。」更重要的是，面對別人潑冷水，「要相信自己對手，而不是別人把口。」

兩萬元起家 變港產獨角獸

GoGoVan進軍內地市場，於2017年與內地「58速運」合併，改為「快狗打車」。

萬事起頭難，要推出新事物更難。GoGoVan開始初期，受到傳統電召平台攻擊，亦曾試過被競爭對方快一步搶先註冊公司商標，公司兩度面臨破產。幸好，在緊急關頭遇到重要資金和投資者，如早期獲得數碼港10萬元創意微型基金，後來獲新加坡天使投資者支持和搭路，2014年一輪融資獲650萬美元，以及內地人人網1,000萬美金融資，翌年再獲1,000萬美元B輪融資。2014至2015年間，業務擴張至新加坡、南韓、台灣、越南、中國大陸等。打入內地市場後，於2017年

給有志創業者的話——
要創業先要吃得苦，
試試不靠家人幫助，
只靠自己自食其力。

與「58速運」合併，並以「快狗打車」成為內地最大型貨運交易平台品牌之一。2020年，正式改名為GoGoX；2022年，GoGoX正式掛牌上市。

當公司不再是五個人，而是擁有過千名全球員工的公司，有投資者的期望（壓力），要作出很多重要的商業決定，除了靠努力，亦考驗團隊融資的能力。Steven指，剛起步時，香港幾乎沒有創投的生態圈，他曾經見過一個地產界的香港投資者，聽完他講解整個構思和理念後，對方指着對面的樓宇說：「就算全香港的人給一蚊你賺，你都買不起對面的單位。」

GoGoVan首輪集資在新加坡，之後再有內地投資者支持，Steven指成功尋找資金，並不是因為他是金牌sales，而是因為他們的實力，執行能力強，「很多VC見了我們之後，知道我們用兩萬元創業的故事，而且效率很高，即使他們拋出一些難題，希望我們用極短時間嘗試一些新的做法，我們也能夠應付得到，很快做到要求，甚至已推出市場進行測試，再整合出結果。投資者不是相信我，而是相信我們所做的事。」

堅守核心價值

管理上，GoGoX亦有清晰的公司文化。第一是Dare to Venture，勇於嘗試，不要只說不做；第二是Top of Your Game，要麼不做，要麼做就做最好，「要盡力，不然就不好玩」；第三是Grow or Die，要不斷成長，包括自身和公司的進步；第四是No Bullshit，分

GoGoX於2022年正式於港交所上市。

HKEX
香港交易所
Congratulations
HKEX
香港交易所

清什麼是「吹水」，什麼是認真去做的事；而這所有努力都指向最後，亦是最重要的價值——快樂，「我們做這麼多事都是為了好玩、開心。搞了這麼大場龍鳳，最終只是希望我們的客人、同事、自己都開心。」五位創辦人亦是有話直說的人，不會為怕傷害對方自尊心而收收埋埋，最多事後打鋪機或打場波，將負面情緒即拋諸腦後。

面對風浪時，這些原則像定海神針，助公司繼續前進。講到難關，Steven指：「大家以為疫情是最艱難，誰知疫情其實是最光輝的時間，疫情後經濟差得多，整個市面很負面，包括我們的同事，已經走了很多人。如果從香港的Tech Startup的角度來說，首先在2018、2019年未到社會事件之前，我們面對被Crypto、Blockchain界的極端搶人才。經歷2019年社會運動之後，再來疫症，令到我們很多年輕的同事選擇不留在香港，走得到就走。雖然疫情持續，很幸運地，我們也能在疫情期間上市，因不知道疫情會持續多久。到大家以為熬過了疫情就無事，但原來可以更差，真是人算不如天算。」

面對愈來愈不確定的未來，與其執着過去，不如積極計劃將來，「以我這十年來的經驗，我怎樣去看未來的趨勢，就是你幻想未來十年，計劃未來五年，執行三年，重點聚焦特定目標（laser focus）一年，而你每一年都這樣去重新計劃和評估。無論最後結果如何，Steven抱着一個態度：「路要自己選擇，你不能看回頭，因為我們相信每一刻的決定就是當下在最多的訊息底下而做的決定，無論如何，別讓過去的決定成為包袱。」

面對困難，與其灰心，不如繼續 go go go。

Steven獲得2023年永安企業家獎。

讓挫折成為成功的墊腳石

招彥燾

快速測試專家招彥燾博士（Ricky）因新冠疫情時頻頻出鏡示範快測，笑言擁有全香港最出名的「鼻哥」。誠懇並樂於分享的他細訴抗疫心路歷程，以鍥而不捨的毅力和不怕失敗的態度帶領公司邁向成功。

PHASE Scientific

創立年份	2015年
創辦人	招彥燾（Ricky）
業務範疇	開發創新的癌症和各類傳染病檢測工具及服務
員工人數	約200名
公司宗旨	啟發全新健康理念， 讓大眾對自身健康瞭如指掌
三個形容 PHASE Scientific的詞語	敏捷行動、抓住機遇、靈活應變

招彥燾

PHASE Scientific

2023年，政府宣佈全面通關，因疫情封關的三年，頓成歷史。霎時間，一切回復正常，大家如常行街睇戲食飯，趕着訂機票旅遊探親。什麼疫情，什麼檢測，看似陳年舊事，記憶流逝。然而，對於相達生物科技（PHASE Scientific）創辦人招彥燾博士（Ricky）而言，一切仍歷歷在目，因他是這歷史事件當中重要的參與者。

Ricky是香港研發及推動新冠快速抗原測試（RAT）的先行者，疫情期間，帶領全公司上下傾力研發出20分鐘就可得到結果、在全球售出逾1億套的INDICAID妥析快速檢測套裝，更提倡核酸與快速抗原測試雙軌並行，加快檢測速度，走在抗疫前線。

由公司在美國成立初期申請七次才成功獲資助，到抗疫期間與特區政府部門周旋，過五關斬六將才獲接納全城推行快速測試，當中面對的重重困難可想而知，但他憑着一顆以科技幫人的心，加上鍥而不捨的鬥志，以及對公司核心技術深信不疑，從未言放棄。雖然現在社會復常，人們甚至認為新冠肺炎已絕跡，但他未有停步，繼續將RAT檢測技術應用到不同領域，望以科技普及家居檢測，把健康掌握在每個人自己的手。

由抗癌到抗疫

2015年，招彥燾在美國成立相達生物科技，專注研發檢測技術，2017年他帶着「樣本處理核心技術」回港，以香港為總部，鑽研將核心技術應用於癌症篩查。2020年，他和團隊的研發進行得如火如荼、稍有成果之際，誰知中途「殺出一個程咬金」，大大改變了他的人生軌跡，那程咬金叫COVID，新型冠狀病毒。

2020年1月23日，一名武漢旅客在香港確診新冠肺炎，成為香港首例，從此拉開香港三年抗疫的序幕。幾年間，疫情由第一波到第五波，什麼「打邊爐群組」、「跳舞群組」、「酒吧群組」，一浪接一浪，人人自危，怕被傳染也怕傳染人。新聞報道每天更新感染個案、死亡數字，生離死別分秒上演；同時各界努力對應，隔離、停課、在家工作、核酸測試、研發疫苗……

就在同年2月，政府宣佈公務員在家工作，Ricky接到一位北京大學教授的電話，想請他們通過其樣本處理技術，增加當時的PCR核酸檢測的準確度。其時，他們手頭上只剩一年的資金，預計在一年內把癌症檢測由研發做到商業化，才能令公司走下去，要在如此緊迫的情況下抽身做其他事情，有很大風險。

他回想道：「那時我們預計最差情況是疫情到暑假便消聲匿跡，像2013年的SARS一樣。如果這計劃做得好，可以為公司帶來聲譽，加上我很

Ricky公司的總部設於香港科學園。

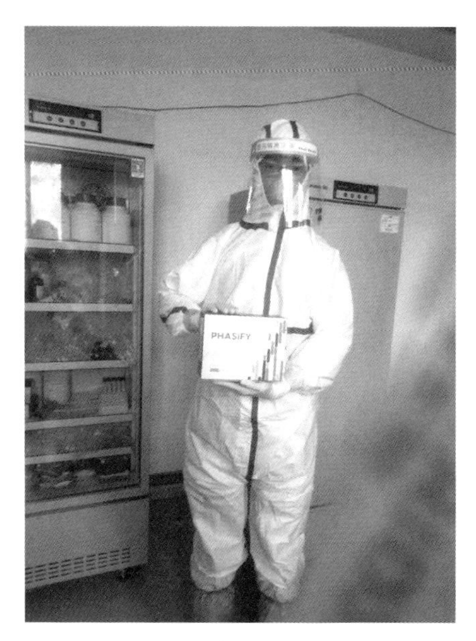

Ricky曾親身前往武漢金銀潭醫院，以公司的檢測技術作臨床驗證，檢測準確度大為提高。

清楚我們的技術可以幫助檢測的準確度提升，於是我們決定放手一搏，整個團隊用一個月時間，擱置癌症研究，只專注應付COVID。」

如此珍貴、押上公司命運的一個月，只許成功，不許失敗。「基本上我們每天只睡幾個小時，香港的團隊一日做15個小時，至凌晨一兩點就電召的士回家，與此同時，我把當天數據傳送到加州的團隊手上，由他們接更，第二天朝早，我便立刻把相關數據整理出來，做到每天24小時無休止地工作。最終我們花了三個星期，研發了提取新冠病毒核糖核酸的試劑盒(RNA extraction kit）的樣版。」

樣版出現了，下一步就是臨床實證，當時香港的案例不多，要做臨床驗證極不容易，於是他請該名北京大學教授（後來成為國務院聯防聯控專家組首席顧問）特許他們到ground zero，即武漢金銀潭醫院作臨床驗證，結果團隊的檢測準確度，與國家金標準相比更勝一籌。此後，Ricky便跟新冠病毒測試結下不解之緣。

由學院到實戰

相達生物科技的核心技術PHASiFY可濃縮及純化樣本，即使樣本的容積相同，但經濃縮後，目標檢測物被集中在一起，更容易驗出結果，用生活化一點的例子，原理就如燜煮最後收汁，把多餘的水份蒸發掉，最後濃縮成味道濃郁的精華。團隊研發的PHASiFY技術就能提取比起黃金標準高於十倍以上的目標檢測物，從而提高檢測的準確度。

Ricky與檢測結緣於美國。他自小已對科學很感興趣，曾經想過做太空人，《十萬個為什麼》伴他成長，中學時已熟讀霍金的《時間簡史》。中學畢業後，Ricky到美國升學，當時全世界開始走進電腦時代，同期的香港學生，幾乎清一色讀電腦相關科目，但他笑言「要我做programming好想死！」反而，生物科技於當時的社會來說仍是新事物，但卻被預視為未來二三十年的大勢。Ricky亦因而選擇了一個與別不同的方向，走上自己的路。

大學畢業後，Ricky任職一間專門做快速測試（RAT）的公司。其時未有新冠，RAT只有兩大應用，當中驗孕佔去99%。但他的公司卻是少數驗毒品的公司。「這產品在美國很流行，因為無論去大公司面試，還是入醫院，或者在街上被警察截查，都有可能要檢驗你有沒有吸食大麻、白粉之類的毒品。」

當時最主要是通過驗尿，但驗尿有局限，容易用別人的尿液代替。Ricky和團隊想出一個不容許作弊的方法，研發出全世界第一個用口水去驗毒品的快測產

Ricky在美國加州大學洛杉磯分校（UCLA）修讀生物科技，開始了他的科研路。

最欣賞的企業家——
Bill Gates
因為他將大部分賺到的錢，
投放在公益事務上，
他不是要賺到盡，
而是想為mankind
去做更多的工作。

品。他回憶道：「我當時已跳出傳統researcher會做的事，而是要擔任project manager，要確保項目由概念到生產面世都順利進行。我幸運地可以負責整個商業化的流程，正常公司不會找一個剛畢業的人去負責，但我工作的公司規模細小，在沒有太多人選之下就讓我去擔旗。」這產品仍然是美國FDA目前唯一認可的口水驗毒產品。

除了研究技術，更重要是如何量產。「我要專誠去找上海的工廠去做模，然後要畫個設計圖，完工後再檢查質素和組裝。我記得我有一整個月，就在幾十個組裝工廠去砌這些RAT，務求生產到一套做幾千份、幾萬份，份份都一樣的產品。」他老實說，快測技術並不是新鮮事，科學上不算重大突破，重點是如何加快檢測的速度和準確度，而且在既有的方式進行創新突破。

Ricky認為初創除了有優良技術外，還要配合穩定、可靠的生產線，才能讓業務繼續發展。

能夠帶領團隊由完成研發到市場應用，是十分難得的經驗，他打趣道：「那工作讓我『生性』，找到自己的熱情，原來除了打機可以打通宵之外，為了設計產品裏面的化學成分，我也可以通宵唔瞓。」

見招拆招 迎難而上

回到2020年香港。當時Ricky認為技術有了，樣版也成功生產了，下一步理所當然是量產，推出市面廣泛應用。當時全球疫情爆發，然而香港政府實驗室每日只可應付2,000個核酸測試，於是他向政府推銷檢測盒，誰知吃閉門羹。原因是政府化驗室內用的都是大廠牌的產品，如果貿然試行新品，要是出了差池，難以負責。他得到的建議是，雖然政府不能直接買他的試劑，但可以買他的服務，建議他「起」一間化驗所，承辦化驗服務。

Ricky直言：「這件事對當時的我們而言很荒謬，我們整個團隊只有30人，而我們擅長的就是技術和產品研發。突然之間，我們要做自己的顧客，由零去開設一間化驗所！」荒謬還荒謬，他還是選擇突破自己，「於是我們又『膽粗粗』衝去起個實驗室，就像起了一個廚房，而這廚房只炒一碟菜，就是新冠檢測。」

疫情封區歷歷在目，Ricky 走在最前線，設計精準封區流程，成為了日後封區行動的藍本。

這邊廂團隊忙於轉陣調整工作，另一邊廂病毒不斷變異，似要與人類鬥智鬥快。同年秋天，政府欲落實四個社區檢測中心，把當時動輒幾千元的核酸檢查價格調低。社區檢測中心需找承辦商負責檢測和化驗，本以為是擴大服務範疇的好機會，但Ricky卻未被邀請加入投標。

再次吃閉門羹，但Ricky再次不認命。既然投標照道理是公開的，明知道中標機會微乎其微，仍要嘗試。「我要求參加，他們把標書傳給我時，是晚上9時，而截止遞交日期是翌日中午12時。」結果他和公司的財務官連夜把賬目算好，完成申請表，準時遞交。翌日12時立即收到電郵通知，申請不獲接納。「當時當然

非常失望，一下就被DQ了。」誰不知，到了傍晚5時，卻來個反高潮，指政府設立第五間社區檢測中心，如是者Ricky的公司正式承辦社區檢測中心，後來亦推動精準封區、雙軌檢測等行動，並且領導數十次封區檢測，歷時820日的抗疫工作，為香港人提供超過800萬次核酸檢測服務。

唔識學到識 最緊要幫到人

由疫情爆發開始，主流的檢測方法都是PCR核酸檢測，但Ricky的本行是RAT，他亦早有先見之明，認為這疫情不會自動消失，在等待疫苗的同時，需要大量且快速地進行檢測，因此可以自己在家檢驗，而且20分鐘即有結果的RAT將是大勢所趨，因此團隊一直都有投放資源在RAT的工作。

2021年7月，相達的RAT快測已獲得美國FDA認可緊急使用，是20間上榜公司第一間大中華區企業。高峰期各地瘋狂搶貨，他們試過一個月生產3,000萬支快測試劑，送到美國。「當時我們在觀塘有三層的貨倉，基本上每日都會清倉，即日在香港生產，即日出貨，甚至包機運到美國。還記得那大廈只有一架『老爺輊』，我們每日求神拜佛它不要壞掉，不然我們就『大鑊』！」當時在美國的客戶為了搶到貨更不惜在貨倉排隊，即使未確定有貨配給，也要爭着轉錢到他們公司的戶口，結果會計部花不少時間處理退款。

第五波疫情海嘯式爆發，特區政府接納快測成為抗疫策略，Ricky即時調動原本運送海外市場的快測，優先留給港人使用。

總部位於香港，於美國南加州和中國大灣區設有分公司，全球化中港美布局，三地團隊協作，成為公司的獨特優勢。

至於香港，養和醫院是最早採納相達生物科技RAT快測的醫院。在社區檢測的層面，Ricky認為RAT配合PCR是可以幫助快速找出陽性患者，同時沒有犧牲檢測需要的準確度。當初他多次向政府努力游說雙軌並行，總是「埋門一腳」被喊停，麗晶花園和油麻地封區亦如是。真正大規模應用RAT要到最嚴重的第五波疫情，他再次游說政府：「做PCR的限額是一日10萬，但香港700萬人，那剩下的人怎辦呢？所以現在是刻不容緩，RAT和PCR並行，兩者不是互相取代，而是相輔相成，每一個人都要做自己的採樣員。」

今次政府終於肯首，各方於是着手宣傳在家自行檢測，Ricky主動聯絡傳媒，教大眾正確用法，「有些記者朋友笑言，全香港最出名的鼻孔就在這裏。（指他自己的鼻孔）。」他更營運熱線電話，假如用RAT測試到陽性，公司會有專人上門採樣再以PCR覆檢。到了第五波，40條專線長期塞車，最誇張試過30萬個號碼排40條線。

現時回想起整個迂迴曲折的抗疫過程，Ricky仍覺得很瘋狂：「我們由研發，然後起了一個化驗所、在街上做社區檢測、參與封區、幫政府拍片賣廣告教育大眾、管理運輸物流……我們由30人的團隊成長到200人，由每月生產快測10,000到5,000萬盒都試過，當中如何去scale up，整個過程都已熟習，這真是一世人一次的經驗。講到底，我們只是希望可以提供方法，解決到件事，I don't care who we are，幫到手就得喇！」

快測是否準確，正確採樣是第一步。當人人都不認識快測時，Ricky認為他作為本地快測研發商，有責任教導市民正確使用方法，親身向媒體示範。

我認為政府不應該
大灑金錢給所有初創公司，
很多公司因初期資助而萌芽，
但無以為繼，
進入市場後就一蹶不振，
石沉大海。
反而，當初創公司萌芽後，
政府應重點栽培有潛力的公司，
它們才能真正成長。

香港創科潛力

疫情取去了很多生命，亦打擊了全球經濟，但同時亦孕育了另類商機，如口罩、疫苗、檢測等。有人道是時勢做英雄，但Ricky認為作為科技公司，如何判斷未來，靈活變通，做出明智的商業決定，才是取勝之道。

很多人眼中，香港最大的缺點是她只是一個「城市仔」，但這同時是她的可取之處，「很多人會說，就算你香港做得幾成功，最多都是那700萬人，你是否應放眼其他地方呢？但我說不是。看看新冠的例子，在香港，我可以隨時跟最頂尖的專家學者合作，又有養和醫院這首屈一指的醫院可以去支持我的產品，這些東西都是其他地方難以複製的⋯⋯假如我們公司是在大灣區或者加州，我有辦法做到整個城市都認識我的產品嗎？有辦法做到23,000人的雙軌檢測實驗嗎？沒有。香港雖小，但她在我掌握之內，而且她始終是一個國際城市，是一個大家會認可的地方。重點是我們有否善用本地的科學家、教授以及大學的資源去做好（創科）這件事。

我們需要更多本地有心有力的企業，在外地搶一些企業回來只是權宜之計，有機會獲取完本地資源轉頭就走，他們對這個地方沒有感情，重心也不在香港。對他們來說，香港只不過係一個數百萬人口的市場。」

他相信香港創科，尤其是生物科技領域，仍然有很大優勢，如政府投放在創科的資源不少，但應更用得其所。「我認為政府不應該只是大灑金錢給所有初創公司，很多公司因初期資助而萌芽，但無以為繼，進入市場後就沉沒大海。反而，當初創公司萌芽後，政府應針對有潛力的公司栽培，如此才能真正成長。」

Ricky 因着自身研發的樣本處理技術突破發展，加上對抗新冠疫情的貢獻得到各界認同，榮獲世界十大傑出青年、香港十大傑出青年、行政長官社區服務獎狀、以及不少行業領袖大獎殊榮。

從失敗中學習

2022年，Ricky獲選為「世界十大傑出青年」，努力備受肯定。多年來，他不忘自小受父母的教養，讓他愛上閱讀和吸收中華文化；也不忘風雨同路，由大學開始給他抄功課，後來為他放棄美國藥劑師工作，一起回流返港打拼、默默扶持的妻子。還有在美國UCLA讀博士學位時的恩師 Professor Kamei，以及創業路上成為他的啟蒙導師的 Dr. Daniel Marshak， 多年來教導他成為更好的科學家，更好的人，把他由靠「小聰明」過關的香港仔，蛻變成認真求知，直面自己缺點的創科企業家。

對於有志從事初創的後輩，Ricky指：「我能夠畀到最好的一個建議就是不要害怕失敗，我們香港人好鄙視失敗，總覺得自己『唔衰得』，但其實無人可以一世都一帆風順，亦不可能一世都『符碌』。人總有時間做對的決定，有時做錯的決定，It's ok for your business to fail。在美國波士頓或者矽谷，所有人都可以很驕傲地說他們曾經創立過多少公司，並失敗，但他們仍然在這裏，以之

如何平衡工作與生活？
我一直很喜歡玩遊戲機，
如Diablo、StarCraft等。
以前甚至在博士實驗室打機，
令到其他人也一起投入去玩。

前的經驗為日後的成功鋪路。反而在香港，有多少人創業失敗後仍有勇氣再嘗試？更重要是，衰咗，你要認，不可以做假或去隱瞞。要以失敗為傲，並且誠實去面對它。」

Ricky在美國創業初期，正正抱住這「打不死」的精神，向同一個基金一共申請了七次才成功，拿到第一筆資助。當時由科學家變成初創公司的企業家，最大的衝擊是培養對金錢的敏感度，如何在一個資源匱乏的情況下令業務可持續發展，尋找適當的資金，是任何CEO的首要任務。「我唔係天生靚仔，家庭亦沒有富有到可以直接給我一筆錢創業，只能靠投資人的支持。我到現在都不敢講我成功，因為這間公司還沒有一個 institutional investor 在背後投資，只有獨立投資人，自己生意找回來的資金，以及政府和基金的支持。」

相達現時在香港、美國和內地都有據點，全球通關復常後，市面對新冠檢測的要求減少，對公司營運卻未有太大打擊，因其檢測的核心技術，可應用在不同的領域，Ricky形容那技術就如滷水湯包，同樣的原料，可用來滷醃不同食材，同樣地，快測也能用於檢測其他病毒。

去年，團隊就成功將其PHASiFY專利技術用於尿液檢測上，尿液樣本中的提取目標檢測物能超越行業黃金標準10倍，更率先運用在人類乳頭瘤病毒（HPV）檢測上，是全球首個以尿液DNA濃縮專利技術作子宮頸癌篩檢的產品，供用家自行在家採樣，送到實驗室化驗，免卻傳統要在診所進行抹片檢查的尷尬，亦令診斷更有效率，是一大突破，「我們希望尿液DNA檢測做到成為子宮頸癌的普及檢測，幫助香港以至全世界達到世界衛生組織WHO定下在2030年達到消滅子宮頸癌的目標，當中70%的婦女定期篩檢子宮頸癌。」無論世界怎變，以科技幫助人的初心，始終如一。

PhaseScientific推出嶄新的INDICAID™ 妥析™HPV尿液DNA測試，提供一種便捷、非侵入性和無痛的自行採集尿液樣本測試方法，女士不需要面對在診所進行抹片檢查的尷尬，亦令診斷更有效率。

給有志創業者的話——

不要害怕失敗，

只要從中學習，

每一次失敗都會令你變得更好。

以失敗為傲，

並且誠實去審視它。